少年哪怕千锤百炼

小新 著

文化发展出版社
Cultural Development Press

图书在版编目(CIP)数据

少年哪怕千锤百炼 / 小新著. — 北京：文化发展出版社，2021.7
ISBN 978-7-5142-3530-2

Ⅰ.①少… Ⅱ.①小… Ⅲ.①人生哲学-青年读物 Ⅳ.①B821-49

中国版本图书馆CIP数据核字(2021)第126931号

少年哪怕千锤百炼 SHAONIAN NAPA QIANCHUI-BAILIAN

小新 著

出 版 人：武 赫	特约编辑：杨 肖
策划编辑：肖贵平	封面设计：瞬美文化
责任编辑：肖贵平	排版设计：象上设计
责任校对：岳智勇	摄　　影：吴祝黎 三果
责任印制：杨 骏	

出版发行：文化发展出版社（北京市翠微路2号 邮编：100036）
网　　址：www.wenhuafazhan.com
经　　销：各地新华书店
印　　刷：天津嘉恒印务有限公司
开　　本：880mm×1230mm 1/32
字　　数：163千字
印　　张：8.5
版　　次：2021年9月第1版
印　　次：2021年9月第1次印刷
定　　价：39.90元
ISBN：978-7-5142-3530-2

◆ 如发现任何质量问题请与我社发行部联系。发行部电话：010-88275710

序　001

第一章

少年哪怕千锤百炼

越努力，
才可能越幸运　003

理想，
不该只是想想　012

总有一个人，
让你在深夜感到愧疚　021

如何
为"成功者"定义　031

第二章

有目标的人在奔跑，没目标的人在流浪

并非一切都会
如愿以偿　041

人生就是
一个限量版的盲盒　051

异乡人：
连风都没有的日子　059

如果，
你也被自卑所困扰　069

内向点，怎么了？　077

第五章

每一个普通的改变,都将改变普通

死亡教育,
其实是一场爱的教育　194

一位母亲的坚持和相信　206

媒体的体面　217

第六章

足迹：追梦路上，你是自己的千军万马

挑战一小步，
人生一大步　228

当你为了理想而努力，
全世界都会为你让路　232

长大以后，
我是你的依靠　238

超越自卑，
树立自信　243

小新：
一个非典型法律人的进阶　247

序 / 1

这是我最真诚的祝福

小新

1

上周五,我买了五本《我的二本学生》,送给了周围的五个教师朋友,他们其中有两位是教授,还有两位是副教授。

这本书的作者黄灯老师,在南方一所普通二本院校任教了十几年,没做老师之前,黄灯老师对二本学校的学生带着一些刻板的偏见,但后来在教学过程中,她发现自己学生的能力一点不比重点大学的学生差,他们做事踏实,不好高骛远,心态也更加平和,更能够接受注定平凡的人生。

黄灯老师以极具个人化的表达方式,描绘了"二本学生"这个群体的生存图景——他们无法想象一个不用租房的时代,无法想象一个年轻就该拥有爱情的时代,他们隐藏在各类"小确幸"里,隐藏在社会坚硬的阴影下,拥有年轻躯体,却任由青春缄默……

黄老师写道:

如何理解年轻人,我感觉到了前所未有的压力,"代沟"这个词,根本无法描述代际之间的隔膜。作为网络原住民,他们身上最为真实地铭刻了信息时代的特征,如何理解这代年轻人,对我而言,既是现实需求,也是工作的客观挑战,从来没有一个时代,在短短的九年时光之内,就能导致我作为一个班主任的经验,如此快速地失效。

如何理解年轻人,不只困扰她。

正如同,在我结束《广播电视节目策划》课程时,学生的第一个提问是:老师,你被潜规则过吗?

正如同,我去一所大学做讲座时,有学生举手问我:小新老师,大学生应该怎么应对自己的性冲动?

我从来没有预料过这些问题会出现在我的课堂上或者我的讲座现场,我也不知道当我红着脸转移话题后,学生们会不会内心鄙夷地"切"一下。

七岁那年,我在大热天里用零花钱买了一支雪糕,跑了很远的路,送给在地里干活的妈妈。

妈妈接过雪糕的那一刻,雪糕已经化了一半,但她仍满脸欣慰,不料一转头,把雪糕递给了邻居家的小朋友。

现在想想,我的老妈是多么不理解一个小孩的心情。

后来再想想,我的老妈是在用一支雪糕维持着乡邻间的友好,这是何等难得。

你看,理解,从来都是一个奢侈的词。

2

除了电视直播之外,我也在做广播节目。

昨晚直播前,我的实习生——绒绒,一个还没有走出大学校园的长得很清爽的22岁的女孩子,沮丧又无助。

绒绒骑着电瓶车来台里的路上,电瓶没电了,她就用脚蹬啊蹬啊,一边用力蹬,一边不停地看手机,生怕耽误了直播,迎着风擦眼泪。

"我怎么就那么艰难?"

"这样的日子到底还要过多久?"

"人间果然不值得!"

听完绒绒的话,我没有回答她,而是拍了拍她的肩膀,进了直播间。

说完开场白,我说要跟听友们征集一个话题:说说你曾经经历过的柔软。

有不同的听友给我留言:

他们是异地恋,见证了中国铁路事业的变革,最初要去售票处排队,之后是打电话订票,再之后是网络抢票和APP订票。某个晚上,她有点低落,他说:我拯救你吧。她回复了一句:相互拯救吧。第二天,风和日暖,两个人见了面。七天后,他们结了婚。一年后,他们有了一个儿子,叫"扑通"。

大前天上班,公交车堵了整整两个小时,他和公交车上的保安大哥齐心协力,把一位腿脚不方便的坐轮椅的老大爷抱下了车。老大爷拍了拍他的手背,一直说谢谢。

前天早饭,她又去了那家早餐店,听着不同的人对老板说"老规矩",老板就知道给对方递来一份煎饼果子,或者一块把子肉,额头上浸着汗的老板娘的眼睛里含着笑。

昨晚下了夜班,她回到小区楼下,一个妈妈在打电话,旁边的女儿吹着泡泡,路灯下,泡泡闪着五颜六色的光。

念完这几个听友的留言,导播间外的绒绒,一直在擦眼泪,之前还铁青着的脸,此刻青春又红润。

20 岁左右的你,是否跟我当年一样,一直在迷惘,常常感到很沮丧——你看着苍穹难登,你看着苦难眼圈泛红,你看着众生皆苦,你看着流离奔波。

可真实世界里真实的生活,永远都不是只有 A 面。

你终会和志同道合的朋友共事,和情投意合的朋友同居,和饭量旗鼓相当的朋友聚餐,和一直不那么完美的自己和解。

这是我对年轻的你的最真诚的祝福,也是最由衷的嘱咐。

3

跟中兴协力的创始人彦彬兄相识,缘于一场规模很大的教育论坛,我是主持人,他是主办方请来的圆桌论坛的嘉宾。

彦彬兄一身深色的西装,脸上看不到惯有的其他嘉宾对主持人的逢迎,而是抿着嘴巴,浅浅的表情,透着肉眼可见的倔强。

第二次见面,是在我的书店"想书坊"。

他说:"听说你开了一家书店,我必须来看看,开书店的人不一般。"

很多时候,人的缘分,只有一次,有些被我们抓住了,还有更多被我们错过了。

我和彦彬兄都是不喜欢应酬的人，我们都是喜欢读书的人，我们都不擅长寒暄，我们都有点老套的坚持自己要对这个社会有所贡献。

我们也聊到了彼此对教育的认知：

他说自己深耕教育这么多年，深知教育是个慢功夫，着急不得；

他说因为在大学阶段的书摊上买到了一本经管类图书，此后创业就在他心里埋下了种子；

他说真希望有一本书能写到学生们的心里，哪怕暂时不如意，也能因这本书的陪伴，让他们懂得善良和宽容，启迪他们成长与挑战自我。

这就是你手里拿到的这本书的缘起。

这本书里，我写到了方向、迷惘、社团、学生会、学业、考研、工作、自卑、内向、爱情、友情、亲情……这每一个词既是你的生活，也可能是你的问题。

这本书里，我还写到了理想、英雄、善良、未来、理性、认知、家庭、死亡教育、界限感……这每一个词都有可能成为你未来的困惑，却也都在阐明着"这个世界会好的"。

教育，从来都不仅仅发生在大学毕业前，人生也从来没有什么开挂，有的只是厚积薄发。

我和彦彬兄都认同一个道理："教育就是一棵树摇动另一棵树，一朵云推动另一朵云，一个灵魂召唤另一个灵魂。"

哪怕做不到完全抵达我们心内所尊崇的"教育"，至少，我们又靠近了一点。

4

这本书,想要写给怎样的一个你呢?

写给想要野蛮生长的你;

写给被偏见着的你;

写给总感觉孤独的你;

写给不被理解的你;

写给迷惘却又找不到出路的你;

写给觉得自己一无是处的你;

写给刚进到大学却不知道如何规划未来的你;

……

弗洛伊德在《性学三论》中讲过一个故事:

一个三岁男孩在一间黑屋子里大叫:"阿姨,和我说话!我害怕,这里太黑了。"

女人回应说:"你那样做有什么用?你又看不到我。"

男孩回答:"没关系,有人说话就带来了光。"

愿正年轻的你,人生里的每个转角处,都能遇见光,都是好风景。

序 / 2

与生命同行，让生命美好

陈彦彬

2019年下半年，《人民日报》、共青团中央分别刊发了文章《沉睡中的大学生：你不失业，天理难容》。一时间，批判在校大学生的言论上了热搜。

大学生进入沉睡状态，难道仅仅是大学生自己的问题吗？我们的教育——高等教育是否也有问题呢？

很多人都知道"教育不是注满一桶水，而是点燃一把火"。实际上我们的高等教育很多时候在连续灌水，上水课，将学生本来燃烧的火苗给浇灭了。

我经常去给大一的新生做入学教育，当大一的学生坐满教室，我能够感受到那是一团团火在炙热地燃烧。每次我讲起课来也会热血澎湃，充满激情。

然而面对毕业班级的时候，大多数学生都死气沉沉。我们不仅没有让更多学生更加闪亮，反而还让很多学生停止了燃烧，失去了憧憬。

我想，抱怨没有意义，我也没能力让当今教育现状改变，但是我可以从一点一滴开始，先影响一小部分人。

让教育回归教育初心，呼吁带着亮光的人，有着信仰的人去点亮更多的人。

让那些进入大学的时候，熊熊燃烧的火苗持续燃烧着，于是我有了创作一本书的想法。

我的大学时代就是因为读了一本关于创业的书，有了创业的火星，最后这团火燃烧起来了。一本书影响了一个人，我希望这本书也可以影响一些人。

出书这个想法酝酿了一年多，可是我没有自信写出这样一本书。与"00后"如何沟通，我不擅长。写不好，让学生反感，那样就得不偿失了。

直到遇到小新老师，一见如故，畅聊一个下午后，我想我找到了代言人，经过几次沟通后，就有了这本书。

希望通过这本书中的一个一个的小故事，给大家找到方向，让大一学生的激情能够持续更久；让大二的学生不迷惘，找到自己努力的方向；让大三的学生在考研或专升本这些事情上能够做出合适的选择；让大四的学生能够顺利找到合适的工作，或者能够在激烈的考研竞争中保持斗志。

创业十几年来，我一直对外介绍自己是做教育行业的。直到最近一段时间，重新理解"教育"这两个字以后，我感觉非常羞愧，自己哪里是在做教育啊！自己所做的一切，与真正的教育还着有很大差距。

2021年，我重新理解教育以后，对公司新的战略规划开始调整，从对课程负责转向对学生负责，并且暗自下定决心，未来将教育作为自己终生的事业去追求。

年轻人是民族的希望，国家的未来。年少时期是一个人的人生观、世界观、价值观形成的关键时期。年轻时成为什么样的人，很大程度上决定了整个国家、民族乃至整个人类社会的未来。

这样看教育，看这个点亮人的事业，会让人心潮澎湃。

在追求教育信仰的路上，会遇到同样有光亮的人。最近就遇到了两位即将加盟公司的高管，他们不为追求多少财富，只为追求这份人点亮人的事业。

心灵是天地，教育是播种。在孩子们心灵的田地播种美德，播种善良，播种坚毅，播种爱心是每一个有教育情怀的教育工作者应该做的事情。

爱是人类的天性，爱具有无穷的力量，教育事业就是传递爱心的事业。只有拥有仁爱之心的教师才能培养出有仁爱之心的学生。教师只有真正关心学生，尊重学生，让学生沐浴在爱的光辉中，才能在学生内心深处播下爱的种子，才能将爱传递下去。

2020年，我组织员工多次学习李希贵校长的这些教育理念，理解何为面向个体的教育，以后也会继续深入学习教育理念，让每一位走上讲台的教师拥有教育信仰。

与生命同行，让生命美好，使每一个生命自由而舒展，这是教育的价值与意义所在，也是这本书想要传递的理念。

"为天地立心，为生民立命，为往圣继绝学，为万世开太平"，这是古代教育信仰之人的理想与追求，更应该成为中国教育的信念，我也希望这是我们公司的信念与信仰。

第一章

少年哪怕千锤百炼

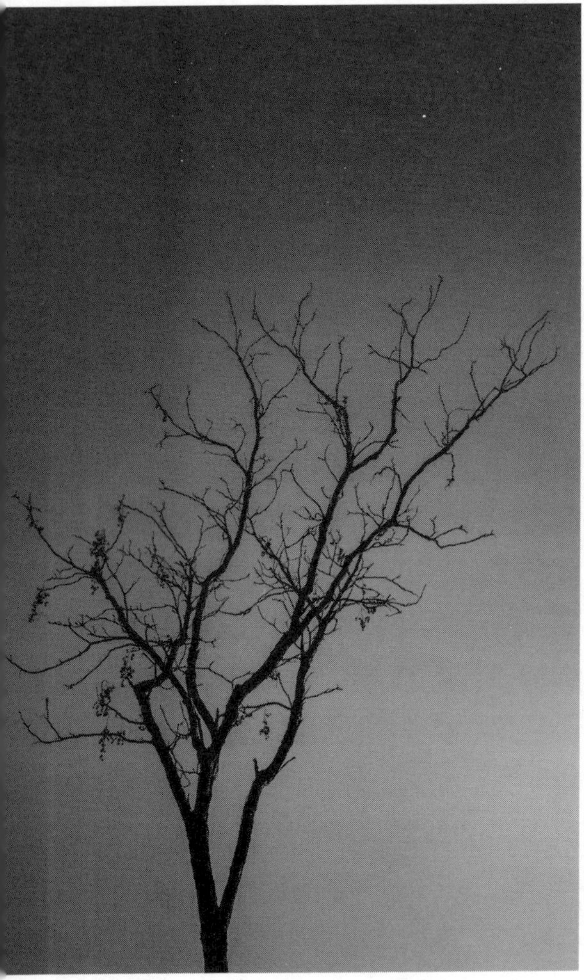

越努力，
才可能越幸运

1

2001年，我来到了母校山东大学，法学专业在洪家楼校区，顺着出租车司机的手指看过去，我以为学校旁美丽的教堂就是我的教室或者宿舍，雀跃极了。

后来才知道，我所在的校区跟教堂是邻居。

如同所有新生来到学校的礼遇一样，我们也在接受着师兄师姐的各种帮助，甚至是耳提面命。

在小镇少年的我看来，大学就像是被魔术师那双神奇的手抚摸过一样，太多的未知扑面而来：不同省份的人凑在了同一个寝室、100多个学生共同上公共课、有不同的讲座可以去听、有不同的活动可以去参加……

第一次准备期末考试前，同学们都挤在自习室里抄写、背笔记。

在高中阶段，我是一个理科生，现在要迅速转换到法科学生的赛道上，你可以想见那些烦冗的法条会如何跟一个习惯了重力加速度或者化学分子式的人的脑细胞角力。

我记得一位专业课老师给我们上第一堂课的核心思想便是，她在本科阶段，有两本重要的教科书，完全被她复印在了脑袋里。

听到那句话，我的心都在颤抖。

每个人都有自己专属的记忆高峰期，我的记忆高峰期主要集中在下午和晚上。对了，我要提醒你的是，努力永远不要陷入"表演状态"和"自我感动"，甚至跟别人吹嘘，你看，我今天又学了18个小时。

这是没有意义的，学习效果要放在第一位。

早晨九点钟，我会准时起床，处理些细碎的小事情，到了饭点，第一波赶到餐厅吃饭，吃完饭到某一个自习室，继续进入午休状态。

大概十几分钟后，我会自然醒来，睁开眼睛，迅速切换到疯狂的看书模式，时常就会直接忽略了晚饭，一直学习到晚上。

晚上十点半，自习室关门，我便转战到学校西门附近的路灯下。

大夏天，昏黄的路灯下，门外是小商贩们带动起来的热气腾腾的生活——炸串、烧烤、麻辣烫……

与此同时，每个路灯都被一个身影霸占着，他们的手里都捧着一本书，嘴里念念有词，身边是蚊子飞来飞去，嗡嗡地叫。

不知不觉中，一看表马上就到晚上十一点钟了，得赶在宿舍楼关门前回去，这才发现胳膊上已经被蚊子咬了五六个包。

很难摘到的果子大都很甜。第一次期末考试，我考到了全院的第一名，这个成绩好得超出了我的想象。

来日方长。

时间会见证不易，时间也检验着努力。

2

我所在的高中讲的是"哑巴英语",虽然高考的英语成绩是129分,但我心里知道,英语是自己的短板。

到了大学,"哑巴英语"的困境更加突出了,面对外教,我只能不断地说"sorry"。

很多人都曾经被打着不同广告语的英语工具书所蛊惑,我曾经买过的单词书就包括《中国人自己的单词书》《用美国人的方法背单词》《英文单词修炼秘籍》……这样标题的书,也总是在很多图书排行榜上。

我试图通过这些书,用巧劲将英语水平快速提高,可惜的是,我依然没能通过这些方法背下更多的单词。

套用一个时髦的句式是,你懂得了很多技巧,却也没有学好英语。或者就像脱口秀演员说的,买了一本《如何增强你的毅力》,但是你居然没有毅力将其读完。

我问过英语很好的朋友,她说就是背单词,不断交流,不断重复,没有更好的办法了。

人性如此,只要有捷径,捷径便会成为必然选择。毕竟,每个人都想做聪明人,节省时间也不至于落下"笨蛋"这样的恶名,但只有走很多弯路以后,才明白原来抵达目标的路只有一条,就是自己之前瞧不上的很笨的那条路。

从来就没有什么捷径,唯一的捷径就是死磕,咬紧牙关不轻易放过自己。

很多人习惯把别人的成功归功于运气，其实所有的运气，不过都是实力的累积。

格拉德威尔在《异类》这本书中，提出了"一万小时定律"。格拉德威尔一直致力于心理学、社会学研究，在调研、统计、分析了数千名"顶级大师"后，他认为："人们眼中的天才之所以卓越非凡，并非天资超人一等，而是付出了持续不断的努力，一万小时的锤炼是任何人从平凡变成超凡的必要条件。"

不管是作家、音乐家、画家，还是棋手、运动员，他们之所以能成为某个领域的大师，都经过了至少一万个小时的专业训练，除非你是神童。

换句话来说，成功与天赋有关，但从来没有捷径。

只有越努力，才可能越幸运。

3

前天没做直播节目，提早回家。

车库门口，一个穿着红白条纹衬衫的男生，正在练习打网球，看上去十四五岁的样子。

一个蓝色的球，系了一根绳子。

男生不断地挥舞球拍，能听到风的声音。

男生满头大汗，甚至都能看到细密的蒸汽在他的头顶"氤氲"着，就像是顶着一个人工加湿器。

"这么刻苦？"我不认识那个男生，但还是忍不住赞叹了一句。

他看我一眼，微微皱了一下眉头，没说话，腼腆地笑了。

邻居老李跟我说，"你是因为上直播回来得晚没看见，那孩子练了有十天了，天天下苦力。"

实际上我忘了那天的天气到底是怎样的，但每每回想，总会有一个画面闯进来：夕阳西下，在一个红白条纹衬衫的男生周围镶了一层金边。

之后，太阳躲到了地平面下，天暗了，我依然能够听到风的声音。

如果那真的是一幅画，可以取一个名字——努力。

你可能会说，只是练习打网球，也未必需要下一个形而上学的结论，但是我不得不说，等他长大了，或许会感激曾经耐得住寂寞的自己。

在高校教师中，我算是个异类——一时兴起，就会坐在课桌上讲课，或者讲到悲苦处涕泪横流，在谈到某些丑恶现象时甚至会爆粗口。

学生们都喜欢跟我交朋友，他们说："小新老师，你懂我们。"

可是，每年给大四的学生结课时，我依然会语重心长地叮嘱他们：男生们少抽烟少玩游戏，女生们少逛街少看偶像剧，要用更多的时间来学习和成长，甚至要学会忍受寂寞。

从学生们的眼神里，我看出他们的犹疑：咦，小新老师怎么也像其他让我们讨厌的大人那样絮絮叨叨了。

我固然知道玩游戏也能玩出游戏高手，我固然知道美妆主播也能获得很高的收入，但我依然固执地认为：不管你将来从事什么工作，耐得住寂寞，往往是成长的起点。

我不相信"少数人的奇迹"，我只相信"大多数人的概率"。

4

我认识一个男孩,很帅气,认识的时候他才 25 岁。

跟领导闹了别扭,他就干脆辞了职,赋闲在家。后来,他交了不同的女朋友,陪不同的女朋友吃饭、逛街、聊天,不同的女朋友给他买衣服、零食、电子产品。

好不热闹,好不得意。

他的父母给了他一张很好看的脸,上天又给了他绘画的才能,可是他却有些自甘堕落甚至荒废人生。

当然,这只是"在我看来"。

我实在看不下去,劝了几句。

他梗着脖子,不以为然,反驳我:"这叫各取所需,这叫等价交换,有什么不可以的?"

我说,你如此耐不住寂寞,随便一棵花花草草就能吸引了你。他说,他这阵子每晚都在健身,就很能耐得住寂寞。可没说几句,他就绕回来了——是的,健身的目的,是吸引更好的花花草草。

在那次聊天之后,我们再也没有联系过了。

在很长的一段时间里,我反思过,可能我真的有些老土了。每个人都有自己所认同的生活方式,外人本就无权也不该横加干涉。

直到后来我知道他的女朋友们有一天联起手来,让他在某一个晚上无比难堪。女孩们聚在了一起,同时敲了他家的门,你能够想到再巧舌如簧的人,在那种情境下,也会窘迫。

今年,他 32 岁,未婚。

上个月,他在微信里给我留言:新哥,好久没有联系过了。我抱着试试看的心态给您留言。请问,您能帮我介绍一个工作吗?我保证我会努力的。

对着微信对话框，我打了一段话，之后又删除了。

5

你周围是否也有这样一种人，看了一千篇鸡汤文，喊励志口号喊了八千次，剩下三分钟的热度，最后自己为自己开脱——"如果努力去做，成功的那个人本应该是我"。

他们的步子迈得很快，折腾了许久，可是今天挖个坑，明天刨个洞，始终没有得到自己想要的那汪泉水。

喜欢作家毕淑敏的一句话："树不可长得太快，一年生当柴，三年五年生当桌椅，十年百年的才有可能成为栋梁。"

一切速成，都是"耍流氓"。

有些弯，必须要拐，尽管走直线是最短的距离。

有些挫折，必须经历，因为天下没有可以一路顺遂的人。

卖糖葫芦的小哥都说出了经典语录：生活中的一个个挫折，就像是冰糖葫芦一样，竹签刺进了身体，却成了一生的脊梁。

我也承认，有时哪怕你坚持了很久，寂寞了很久，也未必能够挖到那汪水。

但是，为了心里的一个目标去坚持，本身就有意义。

人本身就是孤独的，成为自己之前，你必须经受种种压力。人生中的无奈和压力，于每个人而言都是公平的，扛过去了，还有下一个妖怪要打，扛不过去，那就换个游戏。

最后必须要送给你一个忠告，"坚持"这件事情，真的很寂寞，你必须做好准备。

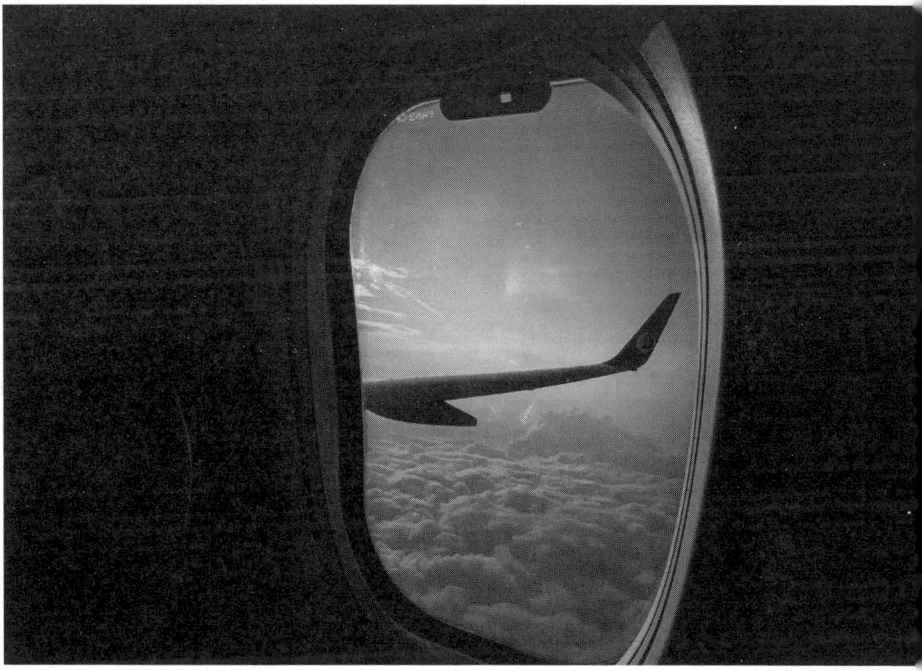

理想，
不该只是想想

1

很久没联系过的同事打来电话："小新，你给学生灌什么迷魂汤了？"

这句话说的前不着村后不着店，我弱弱地问："啥，啥意思？"

原来，她去我所在的一所高校采访，问到本科的学生最喜欢的一位老师，他们不约而同地提到了我。

至于原因，有好几个学生提到了理想主义。

理想主义，我很喜欢的词，有些"我还是从前那个少年"的意味。

那段时间，我同时在两所大学上课，教授的专业是《广播电视概论》和《广播电视节目策划》。

我并不认为我只是在讲两门课而已，面对着一张张稚嫩的脸，正如同当年我坐在教室里看着讲台上讲课的老师们：

有的老师，每堂课都在念课本，念到台下的我们昏昏欲睡；

有的老师，善于将理论与实践结合，有时我们哄堂大笑，有时我们潸然泪下。

我希望自己能够成为后者中的一员。

我历来都不觉得媒体人只能做手艺活儿,也从不觉得广播电视专业的学生只是学了个技术,我更希望他们至少先读哲学,之后一起谈谈理想。

理想主义,不一定真的能改变这个世界,但一定能让这个世界变得更好。

我不希望,当有一天,我问一句"你的理想是什么"时,你会茫然不知所措,或者抓耳挠腮,甚至红了脸。

理想,就如同陪你一起成长的小伙伴,总在提醒着你,这条路略微有点难走,但要记得,再走一会儿,天就亮了。

2

我的上一本书《人生不易,但很值得》,做了一场分享会,那场分享会,几乎成了亲友聚会的专场。

兄弟华子直接拉来了他妈妈,以及他的岳父岳母。

没有听众知道,在那个晚上,我、华子和叶萱老师内心的焦躁与不安,由于疫情影响,全国的实体书店在一年间消失了100多个品牌,由于太多朋友的帮衬,我们三个作为创始人的"想书坊"概念书店的客流和现金流一直还不错,但其中一家店所在的商场有些流氓气,完全不承认之前对书店的扶持,双方的谈判陷入了僵局。

那天的活动现场,我说了很多丧气话,在此之前,我也说了好多丧气话。那些丧气话,其实是在耍狠,虽然不知道到底要耍给谁看。

我翻了个白眼,恶狠狠地对叶萱老师和华子说:"这家店,我是想放弃了,我现在每天晚上失眠。"

他们两个人眼巴巴地看着我，又垂下头。

我深深知道那些简单的真理，比如每个人都只能活一部分的人生，但读书，却可以让我们拥有人生另外的可能；比如独立书店出售的不仅仅是书，还有梦想、回忆和你所期许的温暖。但这些都不足以抵消有太多家书店都已经挣扎着死去，或者艰难地活着的现实。全国独立书店的创始人和主理人，都在时刻经历着暴击。如果没有持之以恒的信念，真的很难坚持。

叶萱老师、华子和我，我们三个人都是在各自领域里神采飞扬的人，却因为经营书店而搞得灰头土脸。

开一家书店，成了我们共同的理想主义。

分享会的现场，有个流程是邀请台下听众互动，我把华子叫到了台上。他没有说几句话，绕来绕去，还是说到了书店。

华子说："做书店，是我心里知道自己做得最对的一件事，如果有一家店倒掉了，我就等自己财富自由的时候，再开一家。"

台下的听众都为这番话鼓掌。

我特别喜欢他知道自己要什么并为之努力的那种坚定，尤其是那种眼神里的不服输。

第二天，华子给我看了一条微信，是我分享会现场的观众联系了他，提出可以拿出几万块钱扶持书店，而且不需要任何回报。

"我只是不希望实体书店倒闭，没别的想法。"对方说。

华子回："如果是站在投资角度，我不建议您投资书店，这个钱我们不能要。"

你看，原来，理想主义者，并不仅仅只有我自己，并不仅仅只有我们几个人。

即便过了热血的年纪,面对理想主义者,我们依然会被他们的一腔孤勇所感动。就像我们长大后认清自己做不了超人的现实,却依然甚至更加热爱超级英雄。

理想,是真的可以让一个人飞蛾扑火的。

人生无非就是昨天越来越多、明天越来越少,所以太多人都想着努力赚钱、用力吃喝,这样才不负红尘一场。什么理想主义者,不过是骗人的把戏;什么狗屁理想,根本就是这个世界的奢侈品;还有一些人,整天暮气沉沉,想着都这把年纪了,不折腾了。

我记得曾经看过一个采访,有记者问一个90岁的日本老奶奶她这辈子最后悔的事情是什么。

奶奶想了一会儿,说:"60岁时我想学小提琴,但觉得自己年纪太大学不来,现在想想,那时候如果学了,现在已经拉了30年了。"

3

直到中学时代,我的理想还是做一名军人,或者成为一名科学家,因为受当时的各种条件限制,我对军人和科学家并没有清晰的认知。后来我所学习的法律或者所从事的媒体行业,似乎都没有在理想的射程范围之内。

心理学的相关研究证明,我们拥有的能力比我们以为的要多,我们的理想足以改变我们自己的世界。

所以,不妨将理想视为一段不断趋近目标的过程,了解自己本就是漫长而又艰难的过程。

随着年龄的增长和心智的成熟，你会发现此前的理想太过缥缈，甚至没有意义，但并非"理想破灭"，而是你终于看清了自己的理想，以及知道为了实现理想该如何走好脚下的路。

总有那么一刻，你的脑袋如同被冰冷的凉水冲过，昏昏沉沉，混混沌沌，甚至觉得自己一无是处，昨天还豪言壮语认为自己可以仗剑走天涯，第二天突然就觉得整个世界都是晦暗的，手里连把剑都没有。

我们常说，成年人的世界，没有"容易"二字，不仅不容易、不快乐，还不容易快乐。

如果给出10秒钟的时间，想出一个月内令你觉得快乐的事情，你能做到吗？这是太多人真实的现状：这一年忙忙碌碌，到最后依旧碌碌无为，连梦都不敢做了。

只是，有些事情，你没经历就不会知道隐藏于其中的猫腻与未知的惊喜。有一些人，你不与他经事就始终不会知道友情的真伪与可以携手共渡艰难的诚恳。有些理想，你不实践永远只是一个空想。

4

2014年的诺贝尔和平奖，颁给了一个叫马拉拉的17岁巴基斯坦少女。

她从12岁起，就开始了属于自己的抗争，她为英国广播公司（BBC）乌尔都语栏目撰写"巴基斯坦女学生日记"专栏，呼吁社会给予女性更多接受教育的机会。

但就在马拉拉 15 岁时,她遭到了塔利班的枪击,子弹穿过了她的头部和颈部,停留在了肩膀。"我的朋友们告诉我,那个男人开了三枪,一枪接着一枪。第一枪射穿了我的左眼眶,子弹从我的左耳射出。我倒在莫妮巴身上,鲜血从我的左耳喷涌而出。"

此次意外之前,她已经不断受到死亡的威胁,但她并没有因此而停止写作。康复后,马拉拉没有如敌人想象中因恐惧而沉默,而是继续向着她的目标奋进——要让所有的儿童和女性都能接受教育。

在马拉拉所在的村庄里,女性的地位非常卑微。她记得小时候,村庄里有一个 16 岁的美丽女孩,爱上了一个年轻小伙子,当小伙子路过女孩门前时,他们眉目传情。这种"调情",对男人来说甚至是被鼓励的,但对女人来说,则是一种莫大的耻辱。当然,我们会说这叫"双标",是一种赤裸裸的性别歧视。可是在彼时彼地,那就是现实中的困境。

后来,那个美丽女孩自杀了。

再后来,警方证实,她是被家人毒死的。

马拉拉的 16 岁生日礼物是:受邀到联合国总部演讲,联合国确定那一天为"马拉拉日"。她被转入英国接受治疗,逐渐康复、重新入学,被世界不同角落里的更多人关注。

她阐述了自己的理念——一名儿童、一位老师、一支笔和一本书,就能改变世界。

理想,最难的就是那些艰难独行的小碎步,每走一步,都惶惑,所以,想走快一点都不可能,但总有人,用脚下的每一个小碎步,走完了一程又一程的马拉松。

只是，如何将理想主义者变为理想践行者？

我是一个写作者，最近的七年时间里每年出版一本图书作品，就有很多人会问我，你们作家都凭灵感写吗？灵感来的时候是不是真的文思泉涌？

作家李筱懿的习惯是，每天早上4:45起床写稿，全年无休，平均每天工作12小时以上。有人调侃，你们作家不就是在"家"里"坐"着赚钱吗？可是全年无休、每天伏案写作12小时，那种孤独与自处并非常人能够忍受。

幸运的是我们生活在这个机会很多的时代，每一个机会，都要用明的暗的辛苦去尝试。

幸运的是这个时代里的每一个"小人物"，他们眼中噙满了理想的光芒，也从未停下脚步。

5

理想的真相，未必是实现那一刻的兴奋与快感，哪怕尚未抵达，也在无限趋近中找到成就感。

倘若你实在觉得自己的理想太过遥远，那就像日剧《非自然死亡》中说的那样，"梦想这种虚无缥缈的东西，没有也罢，有个目标就好了，比如发了工资就去买想买的东西，等休假了去想去的地方玩等"。

1978年4月，一个晴朗的午后。

跟妻子共同经营了一家音乐餐厅的年轻人正在看一场棒球比赛，

边喝啤酒边看球,无比悠闲和惬意。

第一局下半局,当球棒击中小球时清脆的声响传来,年轻人怔了一下,一个念头击中了他:"对,没准我也能写小说。"

回家路上,他兴冲冲地买了钢笔和墨水。

接下来的半年时间里,他利用小店结束营业的时间完成了人生中的第一本小说作品《且听风吟》,这本书替他赚得了名声,也让他坚定自己可以成为一名写作者。

他就是作家村上春树。

"对,没准我也能……"

旁观拍手笑疏狂。疏又何妨,狂又何妨。

走吧,年轻人,出门转转,说不定马上也有一阵清脆的声响击穿你的耳膜。

总有一个人，
让你在深夜感到愧疚

1

每次跟我妈打完电话，到了结尾，她都会问我一句："最近去看周老师了吗？"

我会回答："去看了去看了，放心吧，周老师身体倍儿棒，吃嘛嘛香。"

我爸又叮嘱我："没事的时候一定要常去看看周老师。"

"放心吧。"

真实的情况是，晚上下了直播就在想，周老师在干嘛，要不要明天中午约个饭，可是明天下午还要早一点回台里录像，要不算了？

典型的拖延症，有人说终归是不爱，至少是没那么爱。

非常庆幸在硕士期间，我遇见了一位好导师——山东大学法学院的周静，人称"静学姐"。

周老师的身材，有点像动画片里的哆啦A梦，胖胖的，戴着黑框眼镜，总是笑眯眯的。

师哥师姐怪我们见识少，跟我们说：当年在中国政法大学，周老师可是有名的校花，身材窈窕衣着时髦，活脱脱从挂历上走下来的大明星。

但我看到的周老师大口喝酒、大口吃肉，思想自由而独立，课堂上洋洋洒洒、风趣幽默，课堂下乐于助人、笑意盈盈。

2

硕士期间，我买了人生中第一套房子，虽然只有 50 平方米，但也算创举。

当时电台的同事在办公室里讨论买房的事情，我刚上硕士三年级，其实还有一年的时间才离开寝室，之前也从来没有过买房的想法。但通过兼职，已经有了一点积蓄，我跟同事说，我也想买一套房子。

同事说，他刚看过一套房，还不错，他开车陪我一起。

虽然西向，但是有很大的落地窗，又是精装修的房子，阳光洒下来，身上暖暖的，也痒痒的。

更何况买的不是一套运动装，也不是一个冰激凌，而是一套房，这跟吹牛根本没区别嘛！

回台里的路上，我给我妈打了个电话，妈，我想买房子了，而且刚看了一套，还不错。

我到现在都不知道我妈当时为什么那么坚定，她半分钟都没有犹豫，直接说，行，看看需要凑多少钱。

现在想想，父母的心可真大，他们就不怕儿子走了歪路拿了钱去干坏事？

凑来凑去，还有六万元的缺口。

深呼吸了几分钟,我打电话给周老师,说,周老师,我想要买一套房子,可是还差一些钱。

电话那头,周老师什么都没问,直接说,需要多少。

我说六万元。

周老师说,没问题。

当天下午,我就收到了这六万元钱。

3

每年六月,导师都会跟学生们吃一次散伙饭。

好多年前的一个晚上,周老师给我打了一个电话,说正在跟师弟师妹们聚餐,有人提议跟我这个师兄见个面,如果我有时间,可以赶过去。

我正在出差回济南的路上,有些累,可能还有一些矫情,忘了是在一种什么样的情绪之下,总之最后的结果就是我拒绝了。

就因为这次拒绝,我后悔了很久,因为在这之后,周老师没有再提出过类似的要求了。

法学院二十周年院庆时,周老师写过一篇纪念文章《似水年华》,其中也回忆到了她的恩师邢士光老师。

周老师写道:

我是个过于懒散的人,到现在一事无成并且不思进取,我不知道有一天我见到邢老师的时候该怎么跟他说,我很惶恐。我不知道他是不是能认可我所感受到的快乐,能不能体会我对平凡的满足。其实无论在什么地方，我只愿意做一个边缘人，远离所有的喧嚣。也许有些时候我们身不由己，但是，我的心永远是自由的，不会受任何拘束。在这个世界上，有些人我们把他们放在眼里，那是因为我只要看见他们就足够了；但是有些人我们是把他放在心里的，时时牵挂，比如对邢老师。但是我放得离心太近，所以，想起来就会心痛。

就像周老师写邢老师的那份在意与忐忑，我同样如此。

那个终极问题并非我到底算不算一个好学生，而是在周老师内心深处，对我是否满意。

总觉得自己还不够努力，总觉得自己做得还有很多不足，总觉得自己还没有达到她期望中的样子。

前几天，跟周老师聚会，还有几位师兄师姐。

告别时，周老师把我拉到她身边，说："不要再那么累了，放松一点，身体最重要……"

在她的乐观、宽厚和正直面前，我依然会无比愧疚。

4

还有一位柳忠卫老师。

熟悉我的读者和听友知道，我是从大三下学期开始做了电台主持人，一直到我硕士研究生毕业。

因为要赶晚上七点的电台直播，很多时候等不到上完最后一节课就要偷偷溜走，很多班级活动我也缺席了。

有的老师睁一只眼闭一只眼不置可否，有的老师表示抗议，学生嘛自然上课是最重要的。正在我也纠结的时候，我收到柳忠卫老师回复的邮件。

当时，我们需要交一份《刑法分论》的论文作业，我认真写完，又检查了好几遍，调整完格式后发了过去。

第二天，我就收到了柳老师的邮件回复，他说：

小新：

一直觉得你一心两用，甚至可能没有把心思放在功课上。

但是看了你的作业，觉得你是很用心的孩子。我们求学的目的，其实是找一份稳定的工作，而现在如果你喜欢这份工作，就不妨做下去。

只要无愧我心，那就是收获。

这封邮件，对当时内心惴惴不安且依然幼稚的我而言，是一份太难得的鼓励了。

5

我是在大二那年，开始了跟电台的缘分，跟主持人这个行业的缘分的。

因为参加了学校的一个活动，被当时在山东广播文艺频道《大学校园》的主持人肖雨邀请，去做了电台嘉宾。

在做嘉宾之前，我从来没有听过广播。但我有一个优点，那就是哪怕再紧张，也能有效调节，让外人很难看出来。

这事被山东大学校园广播电台的师兄知道了，就通过学校里的内线电话找到了我，问我是否有兴趣到学校的广播电台挥洒青春和汗水。

之后，我成了山东大学校园广播电台的一员。

半年后，负责山东大学校园广播电台的王为华老师问我有没有兴趣自己出来做制作人，承担一档周播节目的制作和播出，也可以组建自己的小团队。

当时，台里已经有了新闻、音乐、体育、时尚的节目类型，我琢磨了半天，说，我做一档访谈节目吧。

那档节目的名字着实"很傻很天真"，叫《星座零接触》。乍看，以为是个聊星座的节目，其实是一档所谓的"名人"访谈节目。

后来，那档节目还真的有点风生水起的意思，马上拥有了不少忠实的听众。

大学，是成年后难得的允许你试错的一段时光。

大学新生刚入学，大多校园组织都会纳新，学生会、校报、广播台、各类社团……着实让人眼花缭乱，甚至无从选择。

有些同学会以此为名义逃课或者浪费时间，我想，加入校园组织的初衷，是因为这个平台的内容跟你的兴趣紧密相连，是因为这个平台可以引导你做事的方式，是因为这个平台有一些闪闪发光的朋友吸引着你，而并非平台带给你的所谓优越感，更并非平台所带来的那所谓的"权力"。

谢谢带我上路的王为华老师，谢谢她让我确信了自己的兴趣和那一点点的天赋。

6

生活中的我，不喜欢竞争和比赛，甚至厌恶被比较。

但在 2002 年，我作为参赛选手，参加了中央电视台的《挑战主持人》节目的录制。当时参加比赛的"战友"中，有被称为"地震中最美女主播"的宁远，有河南卫视的"天气女郎"谢磊，有在民宿界闯出了名堂、也曾经是知名媒体人的陈彦炜。

参加《挑战主持人》，对我而言，纯属意外。

当时还在学校团委负责学生工作的马晓琳老师给我打电话，说可以参加一个比赛。

到了现场，才知道是中央电视台的节目，节目组正在挑山东赛区的选手，作为一个"不紧张"的选手，我跑上台说了几个即兴的小段子。

走下台后，一个短头发的女孩跑过来，说："小新，你可能会是这拨选手里第一个去北京录像的，做好准备。"

北京？录像？这就成了？

那个短头发的女孩叫丛澍，当年只是一个编导助理，现在已经是中央电视台综艺频道的副总监了。

《挑战主持人》播出后，分别有湖南卫视和福建东南卫视的工作人员打来电话，说他们看到我在节目中的呈现，觉得我适合他们目前在播的某一档节目，问我有没有兴趣去主持。

我呆住了，没明白怎么回事，说，我才大二，怎么可能去工作？

福建东南卫视的老师反问我，你可以休学一年过来先主持试试看。

电话这头，我连连摆手，不行不行，我父母不会同意的。

你看，保守的思想，的确是堵在成长路上的石头。当然，我也并不能想象，如果当年真的舍弃学业去做了一个主持人会怎样。

人生中的假设大多数时候是没有意义的，不过是宽慰自己而已，而只有真正付诸实践的，才可能念念不忘必有回响。

谢磊做妈妈了，还参演了张艾嘉导演的电影，有时候晚上十一点多还没有睡觉，有一搭没一搭地在微信上聊天，感觉她过得很自由丰盈。

宁远就更自我了，她早就辞去了台里的工作，做了三个孩子的妈妈，开创了"远远的阳光房"和"远家"的品牌，写了《把时间浪费在美好的事物上》和《有本事文艺一辈子》等好多本畅销书，有坚持、有理想，是很多女性朋友心里的榜样和真诚的朋友。

马晓琳老师也已经离开了团委，目前是山东大学马克思主义学院的党委书记。每当我迷惘时，也会发信息给马老师征求她的建议和意见，总觉得她活得通透极了。

7

山东师范大学有一位了不起的老师——宋遂良教授，清瘦，目光炯炯，很和善。

宋老师说话的语速不快，每次跟他聊天，总是听不够。宋老师跟老朋友、老同事们见面也喜欢谈论当下的新闻事件，有人不理解说你们好好活着就行，关心这些做什么。宋老师说："这是我们的一种生活内容，就是希望国家、民族、后代能够更好一些。"

宋老师在泰安一中九年级一班老同学举办的毕业55周年聚会上，送给了学生们一段话，此时，他已经84岁高龄了。

宋老师说：生命是短暂的，要珍惜它，要爱护它；世界是不公平的，不要委屈，不要抱怨，不要攀比，不要眼红。命运既然是这样安排的，我们只有欣然接受；希望你们能够认识到人性的弱点，要带着一颗宽容的心去看待别人。

这是师者的智慧。

年少时，面对老师不免畏惧和害怕，电影里的小少年们给老师的自行车轮胎偷偷放气，给他们取不同的外号，甚至生出诸多误会，长大后，才渐渐懂得老师的无私与善意。

可是在老师面前依然会害羞，会放不开手脚，过年问候的信息也是反复编辑，最后觉得矫情又删除了，之后又陷入到了新的愧疚之中。

从研究生一年级给专科生上课到现在给硕士研究生上专业课，已经足足16年了，现在自己也成为教师团队中的一员，但内心深处一直保有一种学生心态。

愿我们带着自己的正直、善良和责任，在面对老师的时候，愧疚少一些，再少一些，为他们做得多一点，再多一点。

而这发自心底的愧疚，也会一直催促我们，目中无尘，在胸中植一颗玲珑之心。

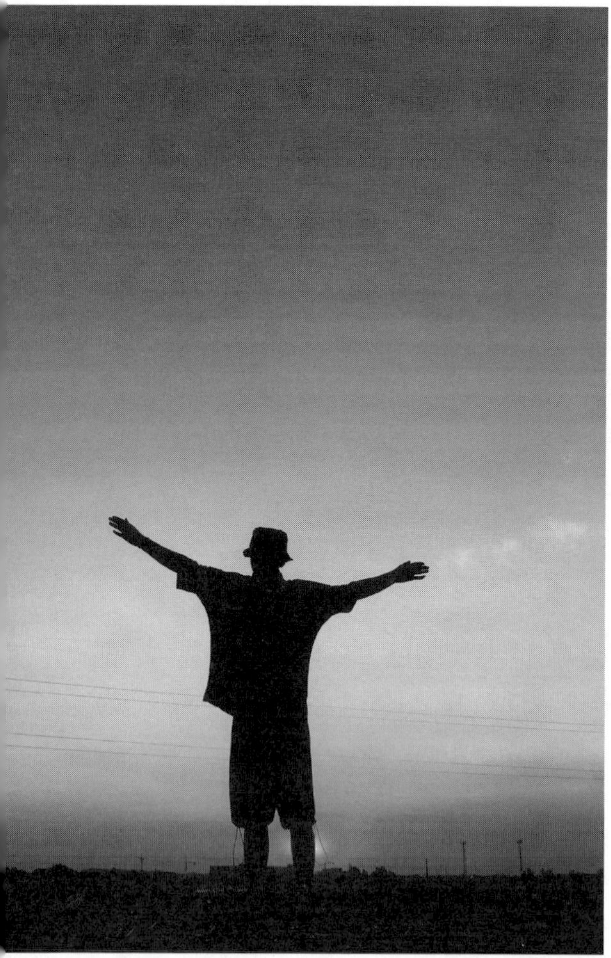

如何
为"成功者"定义

1

他是一位蛮有名气的诗人,我在刚刚进入主持行当时,全国的朗诵艺术家们就喜欢在不同的场合朗诵他的作品。他的文字雄浑而有力量,磅礴而张扬,每次听到有人朗诵,浑身瞬间起了小米粒。

有一年年底,我和诗人被同时邀请参加一场在青岛的跨年朗诵会,我是主持人,他是嘉宾。

那是我第一次知道他的样子,很魁梧,声如洪钟,在他对面能够感受到很强大的气场,但是没有压迫感,这很难得。

跨年朗诵活动非常成功,我和诗人又参加了主办方举行的庆功宴。

席间,主办方拿出了茅台酒,诗人抢了过来放在桌下,坚决要求换便宜一些的酒,并强调:"我对酒不挑,只要是粮食酿的酒就好,我就喜欢喝,太贵的酒招待更讲究的客人吧。"

诗人的酒量并不算很大,几杯白酒下肚,醉意非常明显了。

有人起哄让他在酒桌上朗诵诗歌,他没推辞,跟我们所熟悉的播音员和朗诵家的朗诵腔完全不同，透露着一种原生态的生命力。

我忍不住拿出手机拍了一小段视频。

视频里，他的光头在闪闪发光，朗诵完，他用餐桌上的小毛巾用力抹了两下脑袋，又将杯中余下的酒干掉了。

主办方派车送我和诗人回酒店，他闭着眼睛："小新，我看了几篇你的文章，写得……写得很有生活……"

接下来，他就讲到了自己的两次婚姻：

第一段婚姻里，他有一个儿子，被诊断为孤独症，也许是因为着实找不到家庭里的希望，他选择了离婚，但一直在支付儿子的抚养费。

第二段婚姻里，没想到自己会遇到一个那么强势的女性，感觉自己变成了一只不怎么被待见的宠物，对方高兴的时候宠一下，财政大权归她管，工资以及其他任何收入，统统强制性上缴。

诗人多有不甘，却只能承受，他不想自己的婚姻再次"失败"——"她不跟你讲道理的，你说我难不难受？很多人说，老师说说您的成功之路，小新，我心里说，我成功个屁……"

说完这段话，诗人就瘫睡在车里了。

2

"我的故事，有什么写的？"阿花的神态有点害羞，又有点小期待。

阿花和他老婆都是听我节目多达十几年的听众，因节目而相识，之后结婚生女，去年，阿花买了人生中的第一套房子。

我对阿花最大的印象就是爱张罗，不怕累，我的新书分享会，他忙前忙后，似乎永远不知疲惫。

阿花有过三个父亲，一个亲生父亲，两个继父。

虽然一直将亲生父亲的照片存在手机里，但是对父亲最深刻的印象，就是生病后的痛苦和三包方便面。

阿花三四岁那年，他的父亲跟着村子里的人外出南宁打工，母亲帮父亲买了方便面以便在路上吃，不知是五包还是七包。那个年代，方便面是个稀罕物，阿花看着馋，却也不敢声张。父亲走后的第三天，他才在一个角落里发现父亲帮他藏起来的三包方便面。

五岁那年，父亲的身上长了瘤子，疼得在床上打滚，盆里接出来的尿都是深黄色的。父亲四处看病，始终不见好转，花光了家里的积蓄。

高考结束，村里的小伙伴们有的上了大学，有的上了职专，只有阿花跟着大人们去了河南修隧道。

他早就清楚自己的家庭条件，怕给母亲添麻烦，高三寒假后就没有再去上学了。

也就是在这一年，母亲给他找了第一个继父王叔。王叔干的是开车拉货的活儿，有一天回家路上，遇到邻村放羊的，为了躲对方的羊，直接把车开到了河里。

就这样，王叔的一条命没了。

王叔去世后没几天，就赶上了秋收玉米，家里只剩下了母亲、15岁的阿花和才3岁的妹妹。那时候，秋收还是全靠人工，10亩地的玉米大约9000斤，全晒在自家屋顶上，房顶就有4米多高。

阿花站在一米半高的拖拉机车斗里，用铁锹一锹一锹地扔到屋顶上。他的手很快就磨破了皮，被磨掉下来的手皮还有一角连着，阿花抿着嘴唇撕了下来，渗出了血。

母亲说了几句安慰的话便忙去了，就在母亲转身的那一刻，阿花看到了她脸上的泪水。

自阿花记事以来，就没见过母亲掉眼泪，阿花印象里的母亲遇事不慌，一切都安排得稳稳当当，也非常坚强。

几年后，阿花第二次看见母亲流眼泪。

母亲打算再找个老伴，担心阿花不同意，阿花也知道身边有一些熟悉的亲戚也在用异样的眼光来看他们一家人。因为家里缺少一个可以打拼的男人，一个可以让别人闭闲嘴的男人，母亲扛下了所有的苦和难。

没多久，阿花的第二个继父吴叔来了。

那是一个很老实本分的男人，话不多，却很能吃苦，阿花发现母亲脸上的笑容越来越多了。

听阿花讲述这些往事，我只能跟着叹气，他却始终洋溢着笑。

在这个很多人都说崩溃的时代里，阿花说自己从来没有崩溃过，也没有遇见多糟糕的事情，虽然有时磕磕碰碰，但总体感觉很平稳。

"新哥，我觉得自己这一生过得还挺好，母亲和继父都健在，我也娶妻生女，有了属于自己的家，现在又安家落户了，不就挺成功了吗？"

3

爽朗姐是我的一个同事，因为项目合作而相识。最初对她的印象是诚恳，说话时含情脉脉地盯着对方的眼睛，笑声爽朗极了。

一次聚会，爽朗姐讲到了自己是如何进入传媒这个领域的。

因为对媒体的憧憬，报考志愿时她毫不犹豫选择了新闻方向，家庭条件很差，爽朗姐申请了助学贷款，又由于足够勤奋努力，每年的奖学金都被她收入囊中。

可临近毕业，爽朗姐还是有些心慌。她心想，如果能够回到老家县城的媒体工作，那就太好了，既跟自己的理想契合，又能照顾家里的老人。

大三暑假的一个上午，她没有跟任何人打招呼，去了县城里最大的一家报纸所在的大楼，敲开了总编辑的办公室房门。

"谁介绍你来的呀？"在当时的她看来，总编辑是一个威严中带着一丝慈祥的阿姨，但还是威严居多。

"没有人介绍，我自己来的，老师。"爽朗姐怯怯地回答。

"太可惜了，同学，我们报纸目前没有招收新实习生的计划。"

"给我个机会吧，老师，我什么活儿都能干。"爽朗姐的目光里显然有躲闪，她知道此刻的自己是在求人。

"我们的实习生名额真的满了，同学。"

"老师，我不会说漂亮话，但我真的什么活儿都能干，能吃苦。"

总编辑没有回答好，也没有回答不好，而是自顾自忙了起来。

爽朗姐就一直坐在总编辑办公室的沙发上，看着不同的人来找总编辑谈合作、签报销单、讨论采访对象等，有些不自在，却又不想抬脚走人。

为了理想，总得拼一次。

一直到了中午十二点半，总编辑才放下手头的活儿，如同缓过了神儿，转过头来问她："呀，你怎么还在？"

爽朗姐抬起头，说："老师，我是真的很希望您能给我提供个机会。"

总编辑看着她真诚的眼神，浅浅地笑了，直接问："能在这里待多久？"

"待一个月吧，下个月我得回家烤烟。"

总编辑又笑了："考研好，想好考哪个学校了吗？"

爽朗姐纠正总编辑："老师，我是回家帮父母烤烟，赚学费，不是考研。"

"哦。"总编辑点点头。

一分钟后，爽朗姐被总编辑安排给了一位资深的记者。

第二天，爽朗姐的名字就出现在了报纸上，名字前面还有四个字"实习记者"。

一周后，爽朗姐就因为能吃苦，成了资深记者们最喜欢的实习生，没有之一。

一个月后，爽朗姐成了报社里唯一一个在实习期拿到奖金的记者，没有之一。

爽朗姐实习的一个月时间里，发表了38篇稿子，趴在墙上拍照，蹚在水里采访，趴在电脑上修片，一路小跑赶现场。

毕业后，爽朗姐因为出色的表现，入职一家省级媒体，几年后，她成了一个非常卓越的媒体人。

爽朗姐的办公桌上有一个相框，相框里是一张十几年前的老报纸的一角，没有人注意到，那张报纸的小豆腐块的左上角标着"实习记者某某"。

那是她最早发表的新闻稿，正是这小小的豆腐块，让她觉得自己有可能踏上属于"成功"的那一条路。

4

传统的中国社会衡量一个人是否成功时，采用的多是一元化的标准：在学校看学习成绩，进入社会后看名利。可慢慢地，更多的人意识到，这种一元化评价体系的缺陷。我们身边就充斥着太多有名有利却内心极度不舒适的人，以及物质生活缺乏却也拥有快乐的人。

就像今天故事里写到的，谁是成功者，谁又是失败者？

能够在与他人的竞争中脱颖而出，固然是一种成功，但有勇气不断超越自己的人，也同样可以被贴上成功的标签，尽管在他人看起来，他依然不够优越。

有学者将评价一个人是否成功，制定了这样的标准：

有价值感和目标；
能修补世界，有同情心、爱心和善良；
努力，坚韧；
心系他人，珍惜与家人、朋友和社会的关系；
坚毅性（grit）；
具有创造力和创新力；
有社会智能（social intelligence）和情商来促进领导力和

协作；

能听取建设性的批评，有终生好学的精神；

韧性（resilience）。

虽然这本书里也经常会用到"成功"这个词，但我本身是排斥使用"成功者"的，"成功者"只能是别人贴到你身上的标签，而不应该成为你的自定义。

假设非要用"成功者"，也要慎重。

如何定义"成功者"，我认同朋友宁远的说法：有朋友，但不要太多。有一点名，但不要太有名。有点钱，但钱没有多到变成负担。有欲望，但能力比欲望多一点点。超过一半的时间，在过一种忠实于内心的生活。另一半时间在为了能更多地过前一种生活而努力。关心世界，也关心花草。有一套来自自我内部的评价系统，有热爱的事业，有爱人的能力。然后，成为爱。最后，即使上面所说的都没有，也还有从头开始的勇气。

是的，不管何时，都不要丢掉从头开始的勇气。

第二章

有目标的人在奔跑，没目标的人在流浪

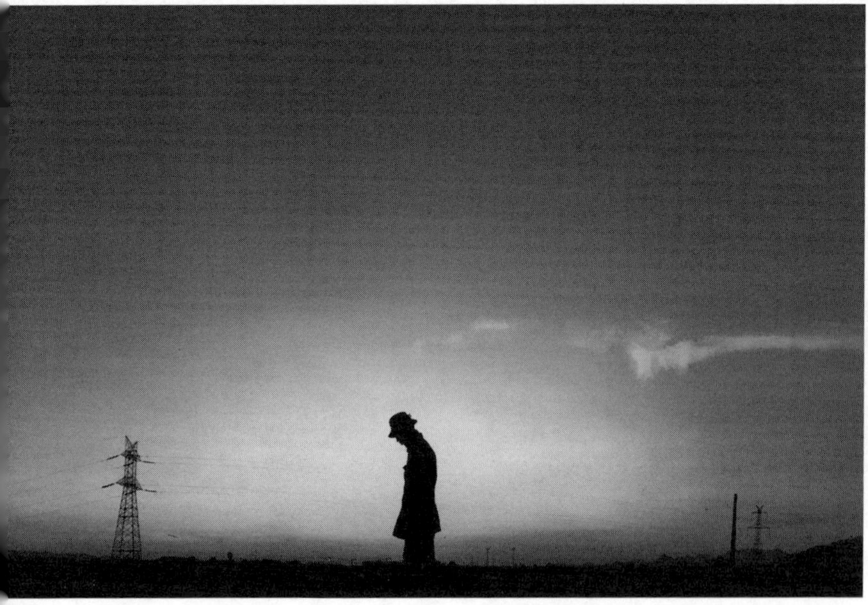

并非一切都会
如愿以偿

2001年的夏天，我拿起电话，输入自己的准考证号，电话被接通的那一瞬间，我的心，直接被提到了嗓子眼。

第一门被念到的考试科目是语文，成绩是90分。

这个成绩被娇滴滴的声音念出来的时候，我第一个想到的词是"万念俱灰"。

几门功课的总分数加起来是638分，其中有10分是应届生的加分，最高的一门反而是上学时觉得成绩很一般的化学，142分。

接下来，我做了很怂的一件事：哭，无声地啜泣。

这一招的妙处就是，父母不好意思再有任何负面评论，一般都会善念骤起：好吧好吧，没事的。

一会儿，我表哥给我打电话，问我成绩如何。

我妈接的电话,表哥叫我听电话,学习成绩优异的他当年考试也因为发挥失常而读了一所一般的本科学院。

表哥身体力行地安慰了几句,的确给了我一种支撑的力量。

1

高三,我所在的班级堪称"奇葩班级"。

我的班主任许老师人帅字美,而且非常尊重学生,但对于高三尚未完全懂事的孩子们而言,这种管理方法,显然有些太过宽松了。

他当时的教育观点是,学习成绩比较好的学生一般比较自觉,所以不用特别叮嘱;学习成绩拖后腿的一般也属于升学无望的,所以无须特别叮嘱;学习成绩处在中间地带的同学,是他重点关照的对象。

我们班的人员分布也很特别,我当时是班里的团支书。紧靠着墙壁的这几个人,从前排到后排依次为:英语课代表、语文课代表、班长、物理课代表、团支书,我后边就是一个成绩堪忧的家伙了。

我分布在后半部分,我的左邻右舍,基本都已经放弃了学习,就等着高中毕业了。而我的内心可能有一个"差生情结",晚上就跟他们泡方便面、看小说,在我后排那家伙的"关照"之下,我第一次看到了色情图片。

我们这一排的"优等生"也没闲着,特别是我和班长小友子、物理课代表李卫。

可能因为处在青春期长身体的阶段，非常容易饿，到了大中午，在其他同学趴在桌子上午睡时，我们就分批次地外出采购，买来猪蹄、凤爪等。

下午老师上课时，时不时低下头狠狠咬上一口，教室里随即飘来一股沁人的香气。

台上的老师瞅了一眼我们几个，皱了皱眉，并不制止。

某一个周末，在家看电视，上海台的新闻播出了韩寒出版《三重门》的消息。

我想都没想，骑上自行车就去了市里的新华书店，结果，新华书店没有，后来是在一个报摊上买到了《三重门》。

熬夜看，一晚上居然看完了，那是我第一次感知到同龄作家的文采斐然。

很多年后，韩寒如此总结：

其实很多人问过我这个问题，你是不是成了你曾经最不想成为的人。我始终觉得这只是话术的一种，就像星座之类的东西，这句话在任何人身上都是有效的。但事实上没有人真正知道我想成为什么人，除了我自己。

2

年级教导主任个子不高，教高三两个班的物理，甚是霸道，几乎全天都在破口大骂。

早自习时，我实在被瞌睡虫冲昏了头脑，埋头打了个盹儿，被他看到了。在教室里,他几乎跳起来,咆哮着:"你这个小兔崽子,都什么时候了,还睡觉!"

我写的一篇文章被某报刊登了,在我还没有拿到那份报纸的时候,却被我们主任拿到手里了,又是一顿咆哮:"你这个小兔崽子,都什么时候了,还有心思发表文章!"

课间操,我们绕着操场跑,速度慢了,又是他比天高的声音——"你们这些小兔崽子,都什么时候了,还……"

高考头一天晚上,我辗转难眠。

上晚自习时,语文老师找到了我,说他做了一个奇怪的梦,我考到了当年的语文状元。语文老师言辞恳切,希望我在第二天的考试中能把吃奶的劲儿都使出来,真正地戴上状元的高帽。

他的期望是有依据的,此前我的高考作文在几次模拟考试中都是全市的范文,结果,我的语文高考成绩是无比沮丧的 90 分。

我高考那年的物理试卷有些"变态",但年级教导主任却教出了一个满分学生。

很多年后,我和几个同学重回学校,当年几乎全天都在骂我们的教导主任,和蔼得就像是一个普通的老人,给我们倒水:"哎呀哎呀,你们都有出息,就是老师最大的心愿。"

语文老师还像当年那样宠我:"小新的作文写得真叫一个妙!"

3

高考结束后,很多高校都会安排招生办的人到不同的城市,他们这一站到的是威海。

我和我爸去了现场,问了几个学校,但是都说我的分数不怎么保险。

我记得从威海回荣成的路上,我跟我爸说了句对不起,因为我实在是觉得如果当年再努力认真一些,我的成绩是会更好的。

回家后准备报志愿了,我照着学校发的资料看不同的专业、不同的院系,我选了"心理学"和"数学"这两个专业,递给我爸。

我爸看了之后,大笔一挥,给我选了山东大学的法学专业。

尽管当时对我爸的选择完全不理解,甚至想过入学之后转专业,但时至今日,要感激我爸替我选的专业。法学是一种思维方式,法律职业格外需要智慧,需要对历史、文化、社会、经济、人性有深刻的理解和洞察;法律职业需要强大的内心,需要管理好自己并调动、引导、影响别人的情绪和行为;法律职业需要不断学习、研究,需要深入的思考、敏锐的判断、精准的表达和简洁有力的书面写作。

录取通知书上写的是9月8日到10日报到,我父母留我到了10日。由于我爸当时的工作脱不开身,所以我妈跟我一起去济南。

当天下午报到的学生很少了,师兄师姐帮忙带我找到了宿舍——10号楼101宿舍。

一进宿舍的门,就看到兄弟们已经自觉给我留好了床铺——正冲门的上铺,我自小对睡觉的位置要求不高,所以还好。

后来我宿舍的哥们儿跟我说,他们当时都在猜测宿舍的最后一个沉得住的兄弟的样子,可是后来一个痞子一样的少年进来了。

我当时穿着白裤子、黑紧身背心。那可是我们县城的美特斯邦威店的"镇店之宝",在当年,美特斯邦威可是我们心中大牌中的大牌、公鸡中的战斗机。

"小新,当时的你可不像好人……"舍友后来回忆说。

在家的时候很少干家务,我妈爬到上铺替我铺床单,舍友看到了,撇嘴一笑。

我跟我妈说:"好了,妈,我自己弄就行。"

我妈觉得自己手艺上佳而且马上要跟儿子告别了,肯定希望帮我拾掇好,眼皮也没抬继续忙着。

我一股子牛劲上来了,大声吼了一句。

这时,我妈从上铺爬下来,一言不发,出了宿舍的门。我妈从年轻就以温柔见长,我出去一看,我妈的眼泪跟断了线的珠子一样,一发不可收拾了。

那一刻,我觉得我特对不起我妈。

4

寝室里,是动画片《葫芦兄弟》的配置,总共七个人,各有各的奇葩。

我们还在喷驱蚊花露水来"香香"的时候,胖子的阿迪达斯香水就狂拽炫酷了。胖子眉清目秀,只是身材靠功夫熊猫近了点,也算萌萌哒。

阿朋是广东仔,普通话说得不好,我曾经跟他说过的最煽情的话是,需要我帮你洗衣服吗?当年BBS还非常流行,阿朋在学校的BBS

上有一个ID叫"水水啊"。

念念是潍坊青州人,长手长脚的,脸也长,喜欢讲历史,有方言,"肉"和"漏"分不清楚。我到寝室的第一天晚上,他就拉着我出去遛弯,讲了好多历史故事。

海波身材非常匀称,肉肉的鼻头,身为浙江人氏的他每次给家里打电话,我们都感觉他在说日语。

刘波是老济南,很仗义,是我们宿舍的舍长,虽然手长脚长,但是运动不协调。

类是非常腼腆且闷骚的,跟我一样是水瓶座,为什么叫他"类",他本名有一个LEI的音,当年偶像剧《流星花园》里的花泽类火得一塌糊涂,所以就赐他一个好听的名字。

5

之后就是学院学生会的招募,我加入了演讲社和宣传部。

我在进入大学之前,在生活里一直都是胶东话不离口的,倪萍大姐的"嗖嗖的西北风,今儿刮明儿刮后还刮",我说得贼溜。

所以,实在看不出来,我可以跟演讲扯上什么关系。至于宣传部,那更是一个美丽的错误,在大学里的宣传部,我们平时的工作就是写海报、画海报。

孩童时代,我在爷爷推动下的那点启蒙实在是幼稚了些,所以好奇害死猫、胆大撑死狗。

文艺部部长罗美鸿依据我们入学时填写的兴趣爱好找到了我,说希望我在迎新晚会上表演个相声。

嚯，我这三脚猫的功夫。

彩排迎新晚会时，我看到学院选定的四位主持人在念稿子，不经意地说了一句："其实，我也会主持……"

文艺部长看了一眼我，淡淡地说："你这身高……"

两年之后，我居然真的做起了主持人，后来接连主持过音乐节目、娱乐节目、少儿节目、相亲节目、新闻节目。

从小到大，我们被太多人强行灌输了太多的"你不行"。我想说的是，永远不要给自己的人生设限，如果我们将自己困在了既定范围内，那就无法找到人生的突破口和惊喜。有时候，你认为自己办不到的事，隔了许久，在某个不经意的瞬间，就被你办成了。

我高中学的是理科，大学和研究生读的是法学，毕业后做了主持人，之后又出版了几本书，开了书店，总是有人开玩笑说：新哥，你可真是个斜杠青年，我却想说——人生真的有太多可能性，连你自己回头想想，都吓一跳。

6

努力不是万能的，并非所有的努力都会得到结果。

不是付出的努力都会如愿以偿；不是所有的好人都会一生平安；不是雨后必然有彩虹；不是每一个人都能被这世界温柔以待。

但是，请记住：

每个发生在你身上的故事，其实都是一件他人为你精心准备的礼物。只是有些礼物，会给你带来惊喜，有些礼物，是帮你成长，还有些礼物，让你终生难忘。

　　土耳其作家帕慕克描写他居住了一生的城市伊斯坦布尔，题写了一句话：美景之美，在其忧伤。

　　那么，人生之美，可能在于遗憾吧。

　　尽管，并非一切都会如愿以偿，但所有遗憾，都是对未来的成全。

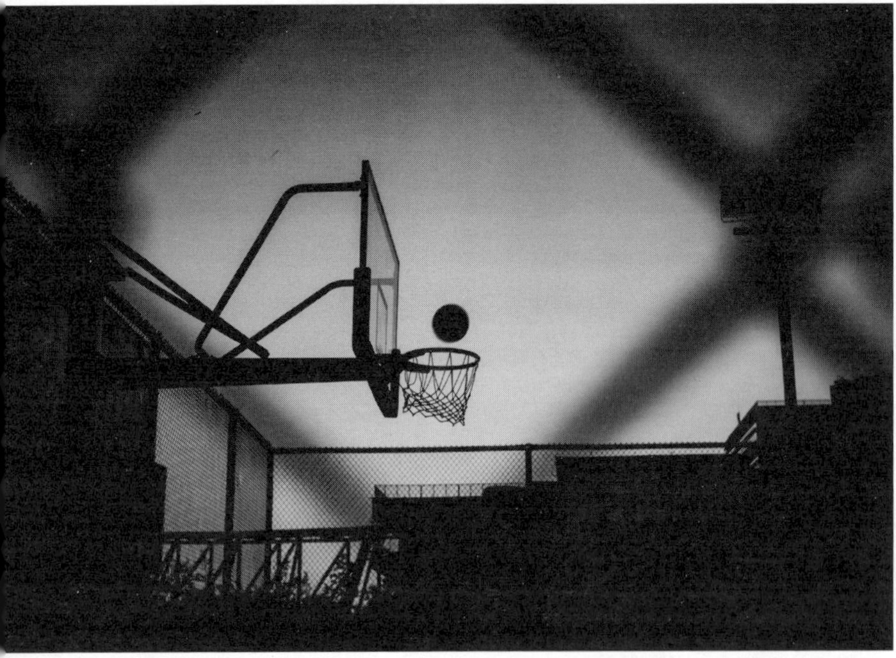

人生就是
一个限量版的盲盒

1

我入学那年,山东大学举行了声势浩大的迎新仪式,当时母校正值百年校庆。

法学院是当年的文科第一热门专业,我的高考分数在学院里属于垫底部分。发愤图强的想法,像郑渊洁笔下的罐头小人一样冒出来,告诉我必须好好学习天天向上。

一天中午,跟同学去餐厅的路上,突然看到海报栏里有"诺基亚"品牌的一个活动,大概就是写一篇关于教育创新的论文。

写文章,这是我的强项,寝室里连台电脑都没有,我就躲在法学院的资料室里查资料做笔记,最后完成了一篇《高中语文改革"三部曲"》的文章。

现在看那篇文章稚嫩无比,正所谓无知者无畏,写完后怎么看怎么欢喜,我把文章誊抄在稿纸上,送到了指定的地址。

两天后,接到评审会电话,说经过初评,我的论文已经入围了决赛,但需要我做一份PPT,在决赛现场向专家做出具体阐述,决出最后的奖项。

PPT，跟 DDV 的区别是？我的大脑一片空白。

向学校打字社的阿姨咨询，她说现在做 PPT 是来不及了，要么帮你把这篇文章打成 WORD 吧。

但我怀疑那个年过 50 岁的阿姨，也压根不会做 PPT。

"给我 20 元钱就行。"打字社的阿姨露出职业性笑容。

当我拿着打印出来的文章来到指定地点参加比赛时，才看到入围的其他人基本都是团队作战，只有我是孤军奋战。

而且，我终于知道 PPT 到底是什么样了。

我的这篇论文拿到了比赛的二等奖，得到了一个"诺基亚"品牌的收音机。

2

本科毕业前，我已经成为一名兼职的电台 DJ，但直到硕士毕业之前，我依然没有觉得自己可以在主持人这条路上走下去。

用我爸的话说，咱家坟头没有冒青烟，你一没基因，二没经过系统专业的训练，就是个彻头彻尾的"伪军"。

在法学这条道路上继续努力，做个法官，或者检察官，或者法学老师，不香吗？

大三下学期，在学校的统一安排下，我和同学们到枣庄的薛城区人民法院实习。

实习的某一天，接到一个电话："你好，我是济南马上要成立的一家音乐电台的总监VH,有兴趣来我们台做主持人吗?"

听到这句话的那一刻,我有点蒙:"可是,我正在实习。"

"实习,也可以过来。"

"我是说,我正在枣庄的法院里实习。"

"哦,这样,那你抽个时间过来找我一趟。"对方的语气里,有一股不容置疑的味道。

电话这头的我,沉默了。

"你什么时候实习结束?"

"还不知道。"

"这样吧,你实习完一回济南就过来找我。"

"好的。"

虽然电话通完了,可是我依然没能预估到这个电话在我生命里的意义,就是这通电话,直接改变了我的人生轨道。

实习结束已经是九月,回到济南,外面下着瓢泼大雨,我就准备去济南台见总监。一向节俭的我,义无反顾地打了一辆出租车,奔向济南台。

在总监的安排之下,去录音间试音,自己来选择歌曲和串联词。

联想当天的天气,我挑了一首齐豫的《走在雨中》,完全忘记了当时自己是如何用朗诵散文诗的腔调诠释了那首歌的串联,就记得副总监听完之后,淡淡地说,"小新的声音有点颓废呢"。

总监接了一句:"我觉得,颓废也是一种风格。"

同事带着我到了大办公室,天哪,我居然有了办公室,而且分配到了一台独立的电脑！

湿漉漉的头发贴在我的头皮上，身上的衣服也被雨水打湿了一大片，同事 Maggie 每每回忆起这一幕，都说当时觉得我就是一个激情的落魄小子。

试音的第二天，我就开始了上班族一样的生活。

当时已经是大三下学期，课程安排得不多。很多同学也都有了或考研或投简历面试的选择了，我无暇顾及，而是做好全部的身心准备将生命投入到济南的广播事业中去了。

我的节目叫《音乐超转速》，口号是"音乐超转速，兴奋加速度"，被安排在晚上七点到九点，这在当时被称为"学生时段"。很难想象，早前被认为"声音有点颓废"的我居然成为电台里的活力 DJ。

回想起那时的节目状态，走的是"亢奋＋鸡血"路线，用倪萍大姐的话说就是跟"踩了鸡脖子"发出来的声音一样，在做《音乐超转速》之后，没过多久，就有了几位所谓的"忠实"听友。

A 女孩不知道从什么地方搞到了我的电话，每晚九点，我刚走出直播间，她的电话就会准时打过来，问候、撒娇、不满。我说抱歉，我们并不认识，她说没关系，我可以等你。

B 女孩一般是采用短信方式，但我除了第一次回复了"谢谢"之外，都没有回复。可是某日，当我在超市采购的时候，她的电话打进来了，说要我娶她。之后，一个自称她哥哥的人接过了电话，说我勾引他妹妹。

三个月后的跨年，我所在的音乐电台决定在济南的泉城广场做一场 DJ 见面会，本来预计来 2000 人，结果现场涌进来 2 万人。

眼瞅着人越来越多,我和搭档躲进了舞台旁边的一家奶茶店,战战兢兢。

15分钟后,因为人数太多,这场活动被取消了。

3

其间,还经历了跟我爸的一次重要谈判。

在本地俨然是小名人一枚,再加上收入也不错,至于考研,我反而觉得不是很有把握。我爸的建议是考研之后继续考公务员。

趁着过年回家,跟我爸谈判。

我在一张白纸上写了我不考研而选择直接工作的几大理由,念给我爸听。由于太过紧张,我念得磕磕绊绊。

还没念完,我爸就打断了我,直接说:"儿子,我知道你的意思了。就想跟你说几点,第一,你喜欢这个工作;第二,你觉得这个工作可以养活你;你三,你不会后悔自己的选择,就够了。你记着,老爸永远支持你的选择。"

额,对方亮白旗这样的结果,我完全没想到。但后来,我妈偷偷告诉我,她在我爸面前表明支持我的选择时,我爸反驳:"女人家,懂什么?"

哎哟,我老奸巨猾的老爸啊。

4

正在我已经决定专心致志研究主持业务时,同在法学院的老乡黄艳妮给我打了一个电话:"小新,你知道你进入硕士保送名单了吗?"

我丈二和尚摸不着头脑,我?硕士?保送?

开心到无以复加,第一个电话是打给我爸的,我爸表示无比欣慰;第二个电话打给了总监,她也表示全力支持我继续读研。

但是,这并不意味着万事大吉。

那只是一个进入保送范围的名单,要想真正拿到这个资格,还需要参加一轮面试。

面试可是我的强项,咱玉面小飞龙一样的面孔,流利而又标准的普通话,这都是面试的利器。当然,我更知道,绣花枕头完全不管用,必须靠真本事。

山东大学法学院的学生都是深爱学习的,男生宿舍很少有抽烟打牌的,女生也大都属于勤学苦练型。我信奉"好脑子不如个烂笔头"的传统学习方法,开始了半个月的闭关修炼,除了上直播节目,其他所有时间都放在了专业课的复习上。

面试那天,还是略微紧张。

进到面试的会议室,一圈教过自己的、没有教过自己的老师。先是问了我几个专业问题,我回答得还都不错,接下来,于改之老师开始使用英文问我问题了,先是"请"我用英文说出几个罪名,好在,记忆力还不错,都答对了。

接下来于老师问我:"为什么选择继续上硕士?"依然是英文。当然,我也要用英文回答:"Because I, my father……"就感觉我的舌头已经紧张到打了N个中国结。

两天后,在最终的录取名单上,我看到了自己的名字。

5

人生就是一个限量版的盲盒，我们没有任何理由奢望每个盲盒开出来都是惊喜，但越是不断向上的人生里，越是有不期而遇的惊喜出现。

我之所以愿意把这些我在大学的生活讲给你听，就是因为，大学是你可以真心选择过什么生活的重要阶段，没有那么多的不得已而为之。

你付出过什么，决定着你要面对的是等价的盲盒，59元，199元，还是999元。

所以，请努力将它过成自己喜欢的样子，开启属于自己的那个盲盒。

虽然你已经告别教室、寝室的"两点一线"的高中生活，但大学里学习的冲劲是不能丢失的。要对大学生活有清晰的计划，给自己设置合理目标，大到四六级考试、计算机考级、专业证书考级，小到社团活动、身体锻炼目标、读书计划，等等。

我喜欢那些力气未必很大、可是散发的光芒却很充沛的人，他们的存在，让我们在遭受了一万次的冷眼之后，还能在心里住着太阳；让我们在一万次的跌倒之后，还能够迅速起身奔跑。

哪怕现在的样子不喜欢，也请你记得，你现在做的不喜欢的事情，正是为了未来的某一天你可以尽情做自己喜欢的事情。

这不是阿Q精神，因为，绝大多数的失败，不过是半途而废。

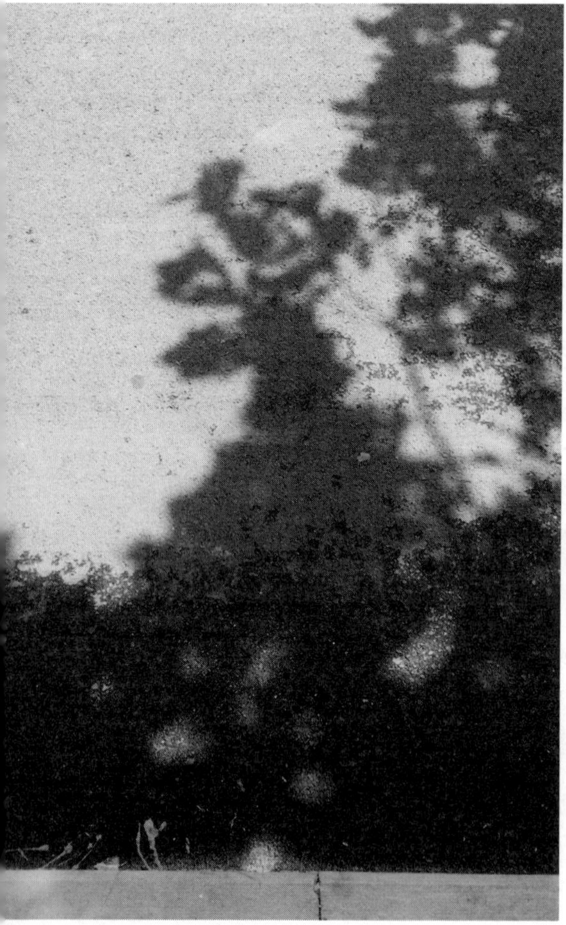

大三那年，我们被安排在外地的同一家法院实习。

此前，我们并不算很熟悉，实习后就一起聊天谈人生。

一天晚饭过后，我和小弟沿着法院南边的路一直走一直走，仿佛那是一条走不到尽头的路。

走了很久，看到了一条河。

两个孩子在河边钓鱼，看着应该是姐弟。

我和小弟就静静地在一边看着这一对姐弟，姐弟俩看到我们，不好意思地耸肩，冲着我们笑了。

14年后，小弟嘬了一口姜茶，跟我说，夕阳下姐弟俩的身影，太美了，那就是他想象中的家。

小弟的性格有些内向，但是那个秋天，他跟我说了太多心里话，"我挺独的，几乎没有朋友"。

小弟说，这是他第一次跟同学说起自己的原生家庭。小弟母亲的精神有一点问题，从记事那年起，周围的孩子就对他指指点点。

很难想象，小弟的整个初中时代是没有课本的，因为家里实在太穷了。

"20世纪90年代中期，我们家里才来的电。是不是很难想象？"小弟的表情里带着笑。

我也冲着他笑，笑一会儿，就有眼泪溢出来了。

3

毕业前,他花了不到100元钱,买了一身看上去很板正的西装和一个黑色的手提包,很顺利地应聘成功。

小弟便到了外地的社保部门工作,别的同事都是坐着,他却孤零零地站着,对每一个客户都笑脸相迎。

有一个来咨询问题的大妈拍着他的肩膀说:"小伙子,谢谢你,你的态度真好。"

小弟说,从小到大,他听了很多夸奖,可是在异乡那句来自陌生人的夸奖,让他终生难忘。

后来,他成了他所在的区里年龄最小的科级干部,有一个六岁的女儿,听上去生活无虞云淡风轻。

我曾问过很多漂泊异乡的年轻人到底有什么感受。

他们说理想很丰满,现实太骨感,差距大到不忍直视,曾经想的和现实,根本不是一回事。

我曾经问过我教过的毕业生,后悔过来到大城市吗?

的确,有人的回复是后悔过,回家居然成了听上去温暖实质上凉薄的字眼。

我没有问过小弟在异乡打拼有没有后悔过,我能想到一个拼命奔跑的人,哪里有空闲的时间去思考到底值不值,到底后悔不后悔。

我本就是个书生气十足的人,在主持人的圈子里也显得另类,小弟更是如此。从本科时代到毕业工作,他始终凭一己之力跟世俗赤身肉搏,挺让人心疼的。

山东大学法学院 2001 级本科生十周年毕业聚会，小弟终究没有来，他说太忙了抽不开身。

后来，他坐在对面跟我说，当时觉得自己的大学时代挺失败的，没朋友，没长进，甚至不知道见了面之后该聊些什么，索性就不来了。

"不过看到你们发的照片，我又有点后悔了。其实，同学之情，很可贵的。所以，下次聚会，天上下刀子，我也肯定来。"

4

2020 年底，北京新冠肺炎感染者流调时，有几个异乡人闯入了太多人的视线：

34 岁，男，家住顺义，工作在海淀，每天往返超过 50 千米。一家五口人，挤在 70 平方米左右的房子里。人到中年，准备考研，生活轨迹非常有规律，没有任何娱乐活动。除了上班，备考，带娃去早教，没有其他任何轨迹。考研的前三天，被公司派去出差。

31 岁的准父亲，白天居家或上班，晚上出去兼职。所有的时间，都被清晰地划分为三段：照顾马上要生产的妻子、工作（商贸公司配件中心）和兼职（顺丰大件中转场）、休息。

40 岁的网约车司机，男，每天至少工作 13 个小时，有的时候可能长达 17 个小时甚至更多。下班后的时间也没有用来休息，而是找了另一份兼职。在确诊前的 14 天里，没有休息过一次。在可见的具体行程的四天里，只吃了一顿午饭和两顿晚餐，选的地方，都是路边的小餐馆。

白天的喧嚣吵闹里，他们属于高楼大厦，是行色匆匆中的一员，到了夜晚，他们孤独得像一条狗。

扎下根来，还是继续飘荡，每个异乡人都没有那么笃定。

摩肩接踵，簇拥着的一群人，仿佛被牵了一条线，冲着某一个方向走，却又没有目的地。

5

我个人非常喜欢一部小众电影，用了18天拍完的《到阜阳六百里》，主演和编剧是曾经到过我的书店"想书坊"的女演员秦海璐，监制则是有"电影教父"之称的侯孝贤。

故事讲述的是一群在上海的阜阳保姆过年回家，电影里所有保姆和钟点工的角色，都是由阿姨们本色出演。

女主角曹俐年轻时不懂事，爱上了一名小混混并怀孕生子，可等孩子生下来之后，对方却消失得无影无踪。在农村，这是伤风败俗的事，父亲跟女儿因此彻底决裂，曹俐只能跟着老乡来到了六百里之外的上海打工。

赚了一点钱，曹俐又去深圳，倒腾起了服装生意，结果被骗，导致两年的积蓄血本无归。无路可走，又无家可归，她只能再次逃回上海。

谢琴结过两次婚，第二次是跟一个浦东男人，结婚之后又离婚，为的是能有上海户口，可没想到，前夫的小算盘是以结婚名义多拿一份拆迁款，压根就没有任何真感情。果然，两个人离婚后，前夫一家人翻脸不认账了。

谢琴为了多赚点钱让女儿有个好前程，每天骑着一辆自行车，穿行在上海的大街小巷做保洁家政，受尽了白眼和嘲讽。不承想，在做保洁的豪宅里，见到了自己被人包养的女儿。

九子是个哑巴，找工作没人要，好不容易有了一份派传单的工作，本来他是想当一天和尚撞一天钟的，可不知道算是好消息还是坏消息的消息来了——弟弟考上了大学，需要五千元钱的学费。

无奈之下，九子求助在KTV里打工的服务生狗哥，狗哥只能劝一句：考进去了，就证明咱有实力，读不读无所谓。

世事无端如弈棋，何苦拷问人性自添烦扰。

人生，不过是一场烦恼，追着一次惊喜，一次惊喜接力下一场烦恼，悲喜交织，深不可测。

阜阳距离上海只有区区六百里车程，但对于漂泊在异乡的人而言，从故乡到异乡之间相隔却远不止六百里。

在异乡，没有人认识自己，也没有人能够拆穿自己，于是，他们流露出了最市井、最狡猾、最油腻的嘴脸，可是，他们吞到肚里的是各种无奈和心酸。

他人未必能够感同身受，但是身处其中的大多数人都有相似的感受，却也无可奈何，不管是对他人还是对自己的艰难处境。

女主角秦海璐在拍完最后一个镜头后，突然情绪失控，蹲在地上号啕大哭。

她对导演说："你必须和我聊聊天，我心里太难受了。"

大城市在制造梦想，是你都不敢想象的大梦想，但同时也在埋葬着梦想，是你都无法想象的小梦想。

6

这个时代的确是会创造"奇迹"的——比如靠装傻充愣或者卖萌耍宝就能获得财富的网红，他们没有特殊才能，也不需要职业积累，但却有名有钱。

我必须告诉你的是，我们不该被这样的乱象误导，没有人能随随便便成功，绝大多数的网红也只能解决基本温饱，真正像薇娅、李佳琦这类的头部网红，你只看到了他们的表面风光。

薇娅七岁时，父母离婚，她只能跟着外婆生活，外婆是个干活非常麻利的人，又很能吃苦，每天摆摊到凌晨三点。

外婆去世后，薇娅离开老家，北上闯荡。

她先是在北京的动物园批发市场做导购，之后又去参加声乐和舞蹈培训，在别人的鼓动下想过做一名歌手。

2001年到2002年是薇娅加速成长的时期，她积累了行业的入门知识，也磨炼出吃苦耐劳的品质。有人给她计算过工作时间，平均每天只能睡四五个小时，忙的时候只能眯一两个小时。

在《十三邀》节目中，主持人许知远问薇娅："这么颠倒黑白，不停地奔跑，你不觉得苦吗？"

薇娅回答说："不苦，因为热爱。"

因为热爱，她凭借着一己之力，在异乡步履不停，才有了机会抵达心心念念的远方。

但绝大多数人的日常是在孤单的状态下重复着琐碎的工作，顶着领导和上司随时丢过来的不满，没有人知道这些琐碎和不满落在我们的心头到底有多重。

事实上，随着我们的成长，我们离父母期望中的样子越来越远，甚至，父母压根看不清儿女们生活的真实面目，也搞不清他们想要的到底是什么。

子女不知父母，父母不懂子女，无奈之下只能报喜不报忧，这也是异乡人心中的苦楚。

小时候，爷爷奶奶的口头禅里就带着"那时候"三个字，而不知不觉间，我们的口头禅里也有了"那时候"。

那时候的我们，面孔青涩、笑容单纯，就像是从原始森林里走出来的小狮子，软趴趴的金发在太阳的直射下泛着光泽。

那时候的我们，没有圆滑和世故，就像是一枚刚摘下来的青苹果，透着旺盛的生命力，再怎么哭闹，都不显得矫情和做作。

那时候尚在故乡的我们，真好。

可终归，回不去了。

7

作家苏童说，所谓作家，就是那些给陌生人写信的人。

这封信，写给小弟，也写给内心里装了一个慌张小孩的你。

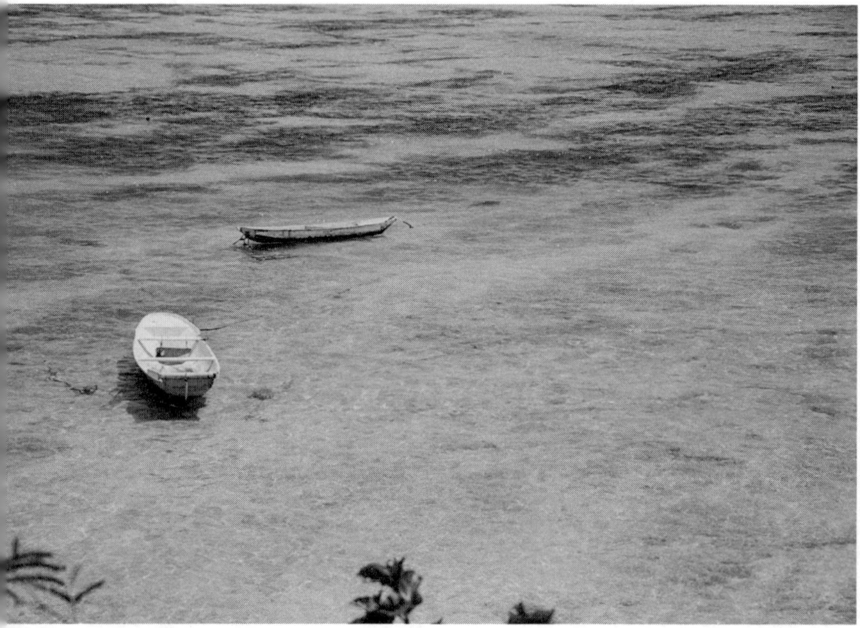

如果，
你也被自卑所困扰

1

昨天晚上在直播过程中，一位制片人给我发了这样一条微信：我真是佩服你的大脑，总结能力太强了。

说完这句话，是一个字的粗口。

我懂他的意思，且深刻体会到他口中的"佩服"。

每天的电视直播节目，我手里是有一份编导写的脚本的，可是更多时候，我宁愿按照自己的观察和思考给出结论。很难说我的总结和编导的总结到底哪个更深刻，或者更动人，只能说这是我喜欢的一种训练方式。

可是你知道吗？不管我做过多少档节目，不管多少人曾经夸过我的主持，在我内心深处，我始终觉得自己是一个挺蹩脚的主持人，我甚至都不敢回看自己主持过的电视节目，这源于骨子里的不自信。

我误打误撞地做了主持人，父母也会无意中唠叨，你看你并非科班出身，不会唱歌也不会跳舞，学了一肚子的法律知识，这可怎么能用得上。

的确如此，当我看到周围大多主持人在节目中文能背《报菜名》、武能托马斯旋转，我只能深深自卑。

主持人聚会时，看到其他人侃侃而谈，我只能对着桌上的菜沉默不语，很多时候我的手都在揉一团纸巾。偶尔有同行或同事瞅见了沉默的我，会说："新哥，合群点嘛……"

两次聚会之后，同桌者会自行补上一句话："新哥，就是不大合群，没事，新哥多吃，我们喝起来……"

几次聚会后，我就消失在聚会中了。

我很想对他们真诚地说一句，我不是不合群，也并没有看不起任何人，我只是在面对一群好看的面孔时，着实是自卑的。

2

每个人的人生里，都会有困境。

在我从业多年之后，遇见过一个领导，他当着我的面跟我说：小新，你的年龄大了，未必适合电视主持了，中国人还是更喜欢看年轻的主持人。

接下来，他用了很长的篇幅跟我讲述了欧美和亚洲电视观众的区别，告诉我欧美电视观众喜欢听"老帮菜"说新闻，亚洲电视观众更喜欢看"小鲜肉"主持。

我坐在他对面的沙发上，垂着头，看着自己的两只脚，我知道自己的十个脚趾蜷缩在鞋子里，透露着垂头丧气的落寞，仿佛那一刻连自己的脚趾都有罪。

那一年，我 35 岁。

那是我第一次对我的职业有犹疑，我从来都知道主持人是一个无比被动的职业，我也深知总有一天我会离开主持台，但那一次使我感到深深的无力。

前一天，我还在不同的场合跟大家分享我的主持经验和技巧，后一天，我就成为要被放弃的"棋子"。

不管你是否承认，有些职业本身就需要平台。

幸运的是，我没有彻底被职场PUA，很快有其他领导把我"捞"出来了。

此前的那位领导，也不再跟我讲述不同地区观众对主持人的喜好度的差异，而是在公开场合里说，小新读过蛮多书，很适合主持有点深度的节目。

我身边大多的主持人都曾经被年龄所困扰，年龄渐长，可以选择的节目越来越少了，慢慢被边缘化，甚至被各种落差踩踏到感觉自己一文不值。这种心态的变化，经常发生在一夜之间。这跟长久以来的播音员主持人选拔机制有关系，我曾经也被不同的广播电视节目制作机构邀请帮忙选拔主持人，往往选拔方最关心的是脸蛋好不好看、身材够不够标准、普通话是不是标准。

是的，我们都忽略了，主持人最重要的能力便是，你的话能否说到人的心里。

几年以后，我看到崔永元书里的一段文字，这也是他的观察和思考。

在BBC、CNN、NHK待了几十年的资深主持人们，尽管头发花白，但是他们眼中的光会让你从心底里感受到温暖。

你相信的不是他们的年纪,而是他们在岁月沉淀后选择的那份浸着温润的真诚,尽管某些时候他们也充满着浑不懔。

你看,人是需要给自己的存在与优秀找一点理由的,这是与自卑对抗的最好的药方。

3

没有人在任何场合下都是自信心满满的,自卑可能发生在任何人身上,甚至可以说自卑是所有人的"标配"。

每个人自卑的缘由都不同,但起因往往可追溯至童年。当我在电台节目中讲到自己的自卑时,收到了太多人的留言:

有人说:我硕士刚毕业一年,原生家庭的常态就是争吵不断,(爸妈同样来自糟糕的原生家庭),骨子里一直充斥着自卑与消极。去到离家几千千米的城市读大学,知道自己的机会来了,可以努力改造自己,往自己所认为的好的方向去。鼓起勇气,向爱的姑娘去表白,没想到姑娘马上答应了,我们都觉得找到了彼此的今生挚爱。我突然就像顿悟了一样,原来我是值得别人爱的。

有人说:我的自卑,源自于小时候好朋友的背叛,我会怀疑自己,难道我不够好吗?我付出的真心收到了这样的回报……到现在我都不知道跟别人怎么相处,在别人眼里我是个很难相处的人,事实上我不知道怎么相处,我怕别人不喜欢我,还不如就这样一个人,至少没有人能够伤害我。但现在,我不想再这样继续下去了,我也想试着改变,告诉自己,你没问题的,你会越来越好的。

有人说：曾经的我，是一个不折不扣的小胖墩，脸上还有两坨高原红，但是我的学习成绩很好，深得老师的喜欢，人缘也算不错。但是在情窦初开的年纪，我才发现原来我一直暗恋的男孩子喜欢外表漂亮的女孩子，我开始变得很自卑，也很在乎外表了。从十五六岁到现在的二十三岁，我做了很多改变，别人见到我都说我漂亮了，可是回头想想，我并不开心，因为过多地在乎了外表，让我失去了本该可以更优秀的自己。

人一旦陷入自卑，就给自己戴上了有色眼镜，更是一副沉重的枷锁，不停地否定自己，哪怕你其实是被别人艳羡着。

但同时，心理学家阿德勒认为，人的一切行为动力均源于超越自卑的需要，是自卑感推动了人的进步。

只是，如何使自己不被自卑吞噬而将自卑所潜藏的能量激发出来，这是需要路径的。

4

日本专栏作家、活动策划人、《你的自信，所向披靡》的作者潮凪洋介读书时经常被父母批评，工作后也没有得到公司重用，创业后接连遭遇失败，背上了一身的债务。

32岁的潮凪洋介，把自己活成了"废柴"一根。

在经历了一系列的成功与失败之后，他总结了克服自卑情结、培养"自信力"应该养成的四十八个习惯，比如：

刻意地给自己一些"成功经验"，光是这个动作就确实能激发你的信心，建立自我肯定感；

请不要以满分为目标，请先试着做做看；

不要任意地想象没有发生的最坏情境，你所想象的"最坏结果"，其实并不会发生；

面对不合理的要求，用简短明快的字句拒绝会更有效；

不要总是与他人比较，与其一味攀比，助长自己的自卑性格，不如把注意力放在享受自我的世界中，感受过程的意义。

在我看来，还有一个祛除自卑的有效途径，那就是读书，不管你的梦想是做一个开口讲话的主持人，还是一个用脚跳舞的艺术家，甚至是一个普通的某某，永远不要忘了读书这件顶顶重要的事。

大部分中国人从小就没有养成很好的读书习惯，我们信奉的是"学海无涯苦作舟"，读书这么辛苦的事，不做也罢。读书，自然不是指教科书，而是能够丰盛我们的灵魂、涵养我们的心灵的书，或艰涩或易懂，或长篇或短篇。

读书是为了过得更好，是为了理想，是为了看到更大的世界。

读书是为了哪怕有一天你过得没有想象中那么好，你也强大到足可以自处，且有信心下一程能过得更好。

5

曾经有人提问："你见过最不求上进的人是什么样子？"

点赞量最高的答案，很是扎心。

"我见过的最不求上进的人，他们为现状焦虑，又没有毅力践行决心去改变自己。三分钟热度，时常憎恶自己的不争气，坚持最多的事情就是坚持不下去。他们以最普通的身份埋没在人群中，却过着最最煎熬的日子。"

这短短几行字所描述的，也许正是你的生活状态——焦虑却也无力，不甘却又煎熬。

而类似状态的源头，往往都内含着自卑。

跟不同的人聊天，甚至跟卓越的人聊天，聊到深入，往往对方会说：曾经的我，是一个很自卑的人。

哪怕你拥有再多的金钱和再高的地位，再多的人由衷地赞美你，你也依旧会自卑。能够根治你自卑的，除了你自己，别无他物。所以，武志红老师说："无论一个人看上去是多么的优秀，他们的自卑与惶恐和别人实质上都无两样。"

我曾经因为自己的长相、身高、不够标准的普通话、没有歌舞技能而自卑过。

我是双眼皮，可是我觉得单眼皮才是好看的；我有肚腩，可是我觉得瘦成纸板才是好看的；我的声音是低沉的，可是我觉得清亮的声音才是好听的……

人是群居型动物，一旦在行为与情感中出现自卑心理，且这种心理长期得不到排解，便会形成讨好型或封闭型人格。讨好型人格的人，自己是痛苦的，为了让他人满足会说自己并不认同的话，或者做让他人开心或得到认可的事情。封闭型人格就会回避和逃避，不敢与人打交道，不会与人打交道，甚至与社会脱节。

此时，接纳自我，异常重要。

接纳自我，并非全盘接纳自己的缺点，甚至任自己沉沦，而是说我们应该对自己有更加全面的认知，那些压根无法改变的诸如身高、长相的不足，就任它们去吧。

一个人的核心价值，是你在多大程度上发挥了自己的优势，而不是克服了多少不足。

如今的我，因为很多人的宽容和鼓励，终于做到了与自己和解，那些自卑已经变成了身后深深浅浅的脚印。

内向点，怎么了？

1

很多人将内向与自卑、外向与自信联系在一起，这是不准确的。

但的确有太多人被"内向"吓到了，从小我们就被父母嫌弃"你太内向了，不能积极主动点吗""男孩子这么内向，将来怎么办"，上了大学之后，看到其他同学可以在众人面前侃侃而谈，而自己只能沉默地站在一边，你也许就会在心里给自己下一个定义：嗯，我就是个内向的人。

更多时候，内向者所遭受的还不只是嫌弃，而是赤裸裸地指责：

"这么大人了，真不懂礼貌。"

"这人太自我了，压根不懂别人的感受。"

"唉哟，这么傲的人，谁想跟他做朋友？"

在这样的指责之下，你担心，现在自己是学校或者班级里的隐形人，未来也可能成为公司里的隐形人。

你会联想起这样的场景：

临近大学毕业找工作，面对 HR 的提问，因为过于害羞和内向，好机会只能拱手让给别人。

进入到职场,终日惶惶不安,躲在开朗的同事身后艳羡地看着,却不知道如何参与,没有任何存在感。

一个性格内向的朋友曾跟我说:"感觉出去跟一群人聚会、群体相处的时间,反而是最消耗自己精力的,只有回到家,自己独处的那一刻,才会感觉到自己的存在,感觉像是长久离岸的鱼终于能回到水中。"

是的,为了让自己显得更合群,你不得不戴上了外向的面具,但终究是面具,你感受到的是不自在和更大的困惑。

2

"性格内向是缺点,你要改变""内向性格在社会中不受欢迎""优秀的孩子就应该善于自我展现,和谁都能打成一片",这些论调本身就是错误的认知。

在心理学中,内向从来就不是一个贬义词,而只是一个中性词。

"内向"(introvert)是一种气质指向,具体表现为人的言语、思维与情感指向于内部,并且是从童年便表现出来的一种较为明显而稳定的人格特征。甚至有时候"内向"与"外向"完全可以并行不悖地存在于同一个个体身上。

换句话来说,内向的人并非总是沉浸在自我的世界中,某些情况下,他们也会调整自己。韩国心理学家南淑仁将这种变化称为"社会化开关"。

南淑仁本人的"社会化开关"就会随需要而被打开,她可以站在几百位读者正在聆听的演讲台上侃侃而谈，但私下如果有超过四个人以上的聚会她就会坐立难安。

罗永浩在接受采访时也提到过，"我有社交恐惧，我不愿意参加任何圈子的聚会。我骨子里其实是内向的人，社交场合上，如果认识的人少于一半，我就基本不说话了"。

在老家，我也是被看成一个内向的孩子，特别是在亲戚眼中。每逢过年，父母的朋友来家里串门，我都要在自己的房间里深呼吸好几次，才能走出房门打招呼。

如果不是看到南淑仁的"南淑仁理论"，连我自己都深深怀疑，一个内向的人，到底是怎么做了主持人的？

3

央视曾经拍过一部纪录片叫《零零后》，是中国第一部连续十年跟踪〇〇后孩子成长的系列纪录片，浓缩了十年间里的五个孩子从幼儿园、到小学、再到中学的成长历程。

第一个出场的小男孩叫于锡坤，是个典型偏内向的孩子，他喜欢独处，一个人做实验或者变魔术。

为了让孩子变得外向和开朗，妈妈送他参加小主持人学习班，同去的小伙伴升到了更高的班级，而他还在原来的班级，依然喜欢独处，没有任何改善。

妈妈不死心，又送他去参加英语夏令营，想继续锻炼他独立和人际交往的能力。镜头里，外教领着其他孩子夸张地朗读和表演，小锡坤却依然一个人躲在宿舍里不肯出来。

背对镜头,锡坤掩面大哭。

他不是没有试图改变,他也想做妈妈期待的外向的孩子,但是鼓起勇气后依然一脸茫然,他感觉自己如此格格不入。

对儿子的无法改变,父母有些失望,也忽略了锡坤在讲述自己发明时的两眼放光,在表演魔术时的全情投入,还有发自内心的笑。

你可能担心,自己不去社交应酬,不会影响自己的发展吗?

在这个商业连接的世界上,真正重要的是你在职场中所体现出的能力,而不是数数你微信里有多少好友。

无论是内向还是外向,都是正常的气质类型。

内向,不等同于自闭,更不等同于孤僻和不思进取;内向者,相较之下更沉静和稳重,更喜欢思考,领导能力更强。

4

日本作家村上春树在代表作《当我谈跑步时,我谈些什么》里这样介绍自己:

我这个人是那种喜爱独处的性情,或说是那种不太以独处为苦的性情。每天有一两个小时跟谁都不交谈,独自跑步也罢,写文章也罢,我都不感到无聊。和与人一起做事相比,我更喜欢一个人默不作声地读书或全神贯注地听音乐。只需一个人做的事情,我可以想出许多来。

发现了吗，内向者喜欢一个人做事，没人打扰就会如鱼得水，倘若需要跟很多人集体配合，就会觉得乏力和倦怠。

但也有些工作，本身就更适合内向者。

两年前，有人加了我微信，说希望能在"想书坊"做脱口秀的"开放麦"，那时我还只看过《脱口秀大会》和《吐槽大会》等网综，连什么是"开放麦"都不懂。

但私下，我也时常被抬举是个反应速度很快的主持人，还有一点小幽默，所以我跟他见面了。他的样子，用"玉面书生"四个字形容再合适不过。眼神直愣愣过来的，但很柔软，仿佛马上要跟你谈一场恋爱。

第一次"开放麦"异常成功，我拉着他跟捧场的几个朋友吃饭，他不自在，基本全程装聋作哑，后来，索性就不安排类似的场合了。

后来，他说，当初辞职全职做脱口秀的原因就是不喜欢成本太高的人际沟通，"有时候跟人打交道太累了，特别是气场不合的人"。

一个月后，我们在济南成立了一家脱口秀俱乐部，叫作"泥乐脱口秀"。

又过了一个月，他给我发微信："新哥，下一期《脱口秀大会》有我。"

再之后，他因为在节目中太过亮眼的表现，被更多人知道和喜欢，可是他依然是舞台上"口吐莲花"舞台下"榆木疙瘩"。

我不是心理学家，但我是一个敏锐的观察者。我没有跟孟川讨论过他到底是一个内向还是外向的人,但我想,内向者最需要做的,不是自我否定和改变,而是知道自己内向的特点和优势,以及如何发挥这些优势。

在《内向高敏者》一书中,作者提出了内向高敏者身上所具有的这五个优势:即认真负责、坚韧不拔、善于分析、有同理心、谨慎小心。

当内向者在自己所擅长的领域内取得成就,他就不会盲目羡慕外向者,更不会因内向而自卑。

5

美国著名作家苏珊·凯恩的 TED 演讲《内向性格的力量》非常有名,包括她写的畅销书《安静:内向性格的竞争力》,也被大多内向者钟爱。

原来这个世界上有 1/3 的人是内向者,这就意味着每三个人当中就有一个内向者,他们也正在迷惘中。

有人总结了内向者感到开心的 15 个场景:

1. 一个人搭一部电梯。
2. 答应了要去又不想去,对方先取消了。
3. 找客服,不用打电话,而是"在线聊天"。
4. 部门会议改成了网上会议,网上会议又改成了写邮件。
5. 被迫参加一个派对或聚餐,还好其中 60% 以上的人是你很熟悉的朋友。
6. 被外向的朋友喜爱并领养了。

7. 整个周末都可以在家待着。

8. 在公共交通工具上，没有人坐在你旁边。

9. 超市有自助结账通道。

10. 别人打电话之前，发消息询问你能不能给你打电话，最好还提前说一下打电话要聊什么事。

11. 别人主动跟你聊天，这样你就不用思考怎么聊天。

12. 别人主动结束聊天，这样你就不用显得很尴尬。

13. 和某个人进行深刻的对话，而不是寒暄闲聊。

14. 手机满电满网。

15. 想要离开但找不到理由的时候，手机突然响了。

我中了十条以上，你呢？

如果你也跟我一样，是个内向者，请确信：人生最大的成长，就是不再与自己的性格为敌。

第三章

独闯的日子里，
愿你不孤单

人生不易，
但很值得

"你今年春节又不回来了，是吧？"

看到是老驴的微信，我赶紧回复："回去三天，看看能不能见个面。"

对方回："那你抽个时间。"

"这话说得，不用抽。咋现在说话一套一套的。哥，我都快40岁了。"我长叹了一口气。

"虚岁已经40了，我天天念叨的青春不在了，终于不在了。新，你别嫌弃哥思维传统，赶紧找个女人生个娃，都错过那么多青春了，重新规划下，没什么问题。"

"谢谢你，哥，我都知道。"

1

那年，我上大四，正在晚自习，接到了老驴的电话，有点意外，"嘿，新，忙吗？我得跟你商量个事。"

"哎哟喂，你是无事不登三宝殿，干吗？"

老驴说，他想让我帮他主持下周末他的婚礼。

"下周末？婚礼？你的？我？你让一个大学生去主持你的婚礼，

大哥你没搞错吧……"

"嗯,下周末,婚礼,你大哥我的,你,一个大学生,主持。"老驴一顿一顿地说。

"我不。"此时,上大四的我已经在本地的音乐电台兼职,做了两年主持人,有了一群所谓忠实的粉丝,还主持过几场所谓大活动大场面。

但是,我都没看过几场婚礼,咋个主持?而且这也太不尊重我了,我就没听他念叨过结婚这码子事,光知道女孩儿父母不同意两个人在一起,好像是分手了,现在居然就结婚了?

电话里,老驴突然冲我吼了一声:"你他妈的不主持,我这婚就不结了!"

说完,老驴就撂下了电话,听筒里只剩下了"嘀——嘀——嘀——"。

我绕着寝室来回走了半天。

这老驴,就是改不了他的倔脾气。

过了一会儿,老驴又打来电话,说刚才态度不好,"有你撑个场面,我心里有底嘛。而且,很多事,你都不知道"。

电话那头,老驴闷闷地说。

2

老驴是我的发小加邻居,从幼儿园起到三年级,我们一直在彼此的视线范围内。

他比我大一级,瘦到肚子上全是腹肌,因为脾气倔,被他妈四处喊"驴脾气",我们周围的小伙伴也管他叫"老驴"了。

他先是冲着我们瞪眼睛，后来，他妈也失口叫了一声"老驴"，这名字就算被官方认证了。

因为我爸当年的工作安排，我从小学三年级开始了转学生涯，光是小学就转了三次学，所以老驴作为我的发小，能够一直不离不弃着实不易。

老驴擅长照顾人，这是非常闪亮而动人的品质。

二年级，我漂亮的女班主任布置了一项作业，要用不同的贝壳做一件工艺品，至于做什么，没有什么硬性规定，花鸟虫鱼皆可，能做成万里长城也没人拦你。

我自小就是个动手能力几乎为零的理论派，对着一堆叫不上名字的不规则形状的贝壳束手无策，我只能找老驴帮忙。

后来的很多次都证明，老驴经常会出现在我束手无策的时候，就像没穿红裤衩的超人，晃晃悠悠地飞到我面前。

"叫大哥，我就帮你。"

我含糊不清地说着两个字，却没有任何人能听清我说的是"大哥"。

"真听话……"老驴的语气里，是说不出来的安慰和自豪。

切，喜欢听别人叫"大哥"，这什么破爱好，更何况，我分明说的是"大车"。

不过，对用"大哥"换来的老驴用那堆贝壳做出来的成品，我并不满意。

那是一只用贝壳拼接而成的丑孔雀，粘住的也不是502的万能胶，而是黢黑黢黑的沥青。

我家门外刚好有一个沥青堆，改柏油马路剩下的，老驴就地取材，用火烧热了沥青,拿来当胶水用。

一股刺鼻的味儿。

面对着那只沾着一身沥青的孔雀,老驴说了句虽然烂俗但是却无比正确无比鸡汤的废话——"听大哥一句劝,丑小鸭也能变成白天鹅"。

3

三年级下学期,我转学到了新的学校。老驴骑着自行车来看我,我人生中第一次逃课了。老驴指了指后座,示意我坐上去,我跟老驴比了一下身高,又着实不好意思表达自己的不放心,只能磨蹭着坐到了后座上。他不说话,我也不说话,车飞了起来。

最后,我俩转到了一条河边,老驴揪了路边的一根狗尾草,编成一只小兔子递到我手里,"送给你"。

"……"

之后,连商量的过程都没有,我俩直接跳进河里摸起了河蚌。

老驴穿了一条哆啦A梦图案的内裤,被我嘲笑了大半天。

在我的老家,河蚌是不好吃的,肉太死。那天我俩摸出来的河蚌,个儿大得都能当蚌精了,就更不能吃了,怕诈尸。我俩就把捞上来的大河蚌重新扔回河里放生了。

老驴非要跟我比赛撒尿,看谁尿得更远。

我依葫芦画瓢,往上甩了甩,画出了一条抛物线,可结果,还是我输了。

"叫大哥。"老驴一脸严肃状。

"不叫。"

"叫!"

"大车。"

"咦,还把我当小孩忽悠啊,去年就叫我'大车'。"看来,老驴并不傻。

"你现在也是小孩!"我纠正他。

"快叫!"

我问:"凭什么叫你大哥?"

"就凭我尿得比你远呐。"

"……哥……"

"是大哥!"他纠正我。

我应了一声"唉",一抬头,他就弹了我一个脑瓜崩,"小样,迟早乖乖叫大哥"。

这事不知道被谁捅到了学校,结果我就被班主任罚站,而且是脱了袜子,站在教室的门口,沮丧如我,恨不能把老驴撕成两半。

还大哥呢,就这么保护小弟的吗?

歌里唱越长大越孤单,摩羯座的老驴的生活是越长大越沉默。

不过,在漫长的青春期里,老驴作为我的生理卫生课老师,手把手地教会了我很多。

4

满船明月从此去,本是江湖寂寞人。

此后,我和老驴住在不同的小镇,也念了不同的初中和高中。

初一期末考试，考完了最后一门，我斜挎着书包走出大门口，被两个大个子堵住了。

"借两个钱花花。"一个戴着金色戒指的大个子冲我眨眼睛，那枚戒指看着假到离谱，都生锈了。

正在我一筹莫展的时候，一个熟悉的声音出现在我的身后——"他是我的人，给点面子……"

是老驴！

是穿着一身校服的老驴！

两个大个子看了一眼老驴，彼此又对望了一下，转头离开了。

老驴的脸上汗涔涔的："真被我唬住了，刚吓我一跳。"说完，他用一只手按着另一只手的手背的关节，发出"咔咔咔"的声音。

老驴总是会在不同的时间里，学会一些奇奇怪怪的技能。

"这回能心甘情愿叫一声'大哥'了吧。"老驴擦了擦脑门上的汗。

"大车！"我把嘴放他耳朵旁边，大吼了一声。

高中毕业，我去了山东大学法学院，他上了省外的一家技校，学了厨艺。

我到大学收到的第一封信，居然是满手都是茧子的老驴写的，看到信封上我的原名"肖辉馨"里的"馨"的最后一捺被他写得快飞起来，我就忍不住想笑。

落款是"你哥老驴"。

信里，他问我上大学怎么样，有没有人欺负我，要好好学习将来做大律师。我当年正跟无头苍蝇一样，沉浸在参加些莫名其妙的校园活动的快感里，忘了给他回一封信，只是给他打电话说信收到了，我过得很开心，在大学里适应得很快。

这么多年过去了，我欠他一封回信，当时是忘了说一声道歉，现在是有些话总是说不出口。

老驴，抱歉。

大哥，抱歉。

而明天，大哥就要结婚了。

那个穿着哆啦A梦图案内裤的少年，那个跟我比赛谁尿尿更远的少年，要牵着一个女孩的手，成为一个真正的男人了。

酸酸的。

5

我坐了八个小时的绿皮火车，从济南回到威海，吃了很隆重的饭。

饭菜本身倒是简单，老驴的父母、爷爷奶奶，以及明天的新娘娟子和我，共进晚餐。

老驴的妈妈碗里有一只海参，这跟他们家的经济条件不是很相称。老驴的父母前些年都下岗了，后来就摆摊儿在大集上卖鞋子，看得出来，日子过得挺难。

"妈，可跟你说了，下次赶集，娟子、我和我爸去赶，你别去了，这么大年纪了。"让老驴一口气说这么多话，着实不易。

娟子是老驴的媳妇，短头发，鼻子两侧有淡淡的雀斑，但整体看上去是很利索的女孩。

"老是放不下。"他妈妈摇摇头,眼睛里一片浑浊。

"阿姨,听老驴的吧。"我插了句话。

"哈哈,这么多年,你俩还这么好,真开心。"阿姨大概是听到了"老驴"两个字,笑了。

晚饭吃完,老驴跟我一块儿去看婚礼场地。

哪里是去看场地,分明就是我们自己搭舞台,把一个个塑料花插到拱形的门上。

"没办法,兄弟,为了省点钱。"

"没见过你这么省钱的,结婚这么大的事。"我嘟囔着,内心是有些不满的。

"有些事,晚上跟你说。"

我心想,我坐了八个小时的绿皮火车,从济南一路晃到了威海,结果一棍子让我回到二年级做手工的年代了,关键打小我就不是手工高手。

心里虽然这么想,可是我还是使出了吃奶的劲儿。

老驴这摩羯座,还沾染上了处女座的一堆毛病,一会儿嫌我没有把背景布挂平,一会儿又怪我花插得不够均匀。

"小新,我可是第一次结婚哪,认真点。"

"还想再来一次吗,去你奶奶个腿的。"

晚上十二点半,布置完了舞台和幸福亭,看上去也有模有样的,老驴拍拍手,提议去撸串儿。

我说:"都几点了,赶紧睡觉。明天一早,你还得早起。更何况,你还得省钱。"

"我无所谓，一晚上不睡都行。钱嘛，有的是。"说完，老驴还拍了拍自己的口袋。

我俩没去撸串儿，而是找了一个苍蝇小馆，老驴点了两箱啤酒，就我们两个人，我又不胜酒力。

两瓶啤酒下了肚，老驴的眼睛通红，一点没变，当年他就这样，沾了酒，脸不红，心不跳，但眼睛贼红。

"我对娟子越来越爱了。"

"啥意思？"

"我妈得了好不了的病了，所以就相亲认识了娟子，但又觉得有点对不住她……"

"等会，你说阿姨得了好不了的病？"我问。

"嗯，肝上的毛病，确诊了，癌，我一定不能再让她出去赶集了。"

我叹了好大一口气，脑袋里嗡嗡的。

"我妈就是累的，摊上你大哥我这么个儿子，不长进，到现在还是个帮厨，这些年也没赚多少钱，所以现在更得省着花。"

"哥，别这么说。"我自己吹了一瓶，呛了一大口，不停地咳嗽。

菜没点几个，酒却喝得七零八落；没有老友相见的欢愉，反而咽下了一把辛酸泪。

6

在娟子之前,老驴有过一个女朋友。

某一个深夜,在胡同里,老驴打败了一个至少得 200 斤的流氓,那流氓对着一个姑娘动手动脚。

老驴从来都不是讲故事的高手,更没法做到绘声绘色,我只能根据影片《古惑仔》脑补了一下一根竹竿跟一个木桶搏斗的场面。

那时候的老驴笃信武力能够解决一切问题,如果不能解决,那是因为武力值还不够高。他常年练习打沙袋,手背的骨节全都发了白,堆积着厚厚的一层茧子,在他看来,这些都是他的勋章,尽管,他瘦得依然像一根竹竿。

因为这次搏斗,那姑娘认定了竹竿,她觉得这根竹竿可以托付一生,她要给竹竿当媳妇。

姑娘的原话是:"如果你不嫌弃我的话,我就跟你了。"

"我……"老驴觉得心里没底。

姑娘说:"中不中,一分钟。"

这是我听过的最动听的情话,甚至压根儿就是一封模范情书。

有时你觉得自己平凡得只是一个普通的路人,但真的会遇见一个人,愿意把你捧在手心里,让你去做他(她)的主角。

老驴攥紧了拳头,回了一个字,"中"。

交往了足足一年半,那姑娘的父母死活不同意自己的女儿跟一个帮厨结婚,姑娘的妈妈当时就说了一句话:"呵,帮厨,连个厨子都不是。"

老驴真的想不通——"我不是不努力,也不是对她不好,只要我有一百元,都愿意给她。为什么还是没能在一起?"

人生不就是这样吗，坏事的发生，并非因为你做得不够好，坏事的发生往往没有任何理由。

连风都没有的日子，那才叫真正的贫穷。

分手的那天晚上，两个人相拥而卧，却什么都没有发生。

放弃一个喜欢的人是什么感觉？有人说，就像一把火烧了你住了很久的房子，你看着那些残骸和土灰感到绝望，你知道那是你的家，但是已经回不去了。

"什么都没有发生？"我问。

"嗯。"

"抱了吗？"我看着老驴的眼睛。

老驴嗫嚅着，声音很低，"那当然"。

"亲了吗？"

"嗯。"

"那也不叫什么都没发生。"

"嗯，那就是发生了。"老驴的眉毛皱着，就像一只在水面捞月亮的猴子，打捞着自己的记忆。

"喂，我问你，你不会不行吧？"我调侃道。

"我行不行，你不知道吗？当年咱俩尿尿比赛，我可是赢了你的！"老驴这话说得我直接红了脸。

时间的跨度，不过是一次见面，接着一次分别。

我们很难否认曾经的念念不忘，便是现在的恋恋不舍。越是长大，越是埋怨我们当时没有好好珍惜，而那份遗憾总是越来越深刻，变本加厉到难以释怀。

但，总有人不得已要先走，终究是有缘无分。

最后，我和老驴是晃着膀子，相互搀扶着回到家里的，那身姿有点像两个街上的二流子。

我们俩哼的还是当年最喜欢的那首《真心英雄》，更像二流子了。

把握生命里每一次感动
和心爱的朋友热情相拥
让真心的话和开心的泪
在你我的心里流动

世间情歌，无非都是唱给自己听的。

我俩唱到鬼哭狼嚎、泪流满面，仿佛各自都藏了一肚子的委屈。

到了家门口，老驴也没忘了跟我说："轻一点，别吵醒我妈。"

"小儿，回来了？"

我们刚推开门进来，就是老驴妈妈的声音，不大，但我脑海中却出现了那双浑浊的眼睛。

"嗯，妈，我和小新一块儿呢。睡吧。"

"好。"老驴妈妈轻轻地回了一声。

7

第二天一大早，我起床的时候，老驴已经去接新娘了，桌上是老驴的妈妈给我做的一碗正宗的胶东海鲜鸡蛋面，面的上面还趴着一只胖胖的海参。

婚礼的现场，没有人认识我，我只是一家城市电台的普通主持人，虽然在济南主持过几场活动，但是在偌大的威海没有人认识我。

但还是有同学为我鼓掌、起哄、叫好。

一上台，没说上两句话，我就流眼泪了。

我说我主持过不同场合，但是今天是最特殊的一次。你可能觉得今天现场的布置并不华丽，甚至有些简陋，可这是我和老驴昨晚一点一点弄好的。

台下的观众本来看到我流眼泪，想跟我进入情境，可是听到"老驴"的那一瞬间，都笑了。

我侧脸望去，老驴的身子挺得很直，拳头紧紧握着，整个脸上都是泪，却满眼的晴朗，透着光。

回济南后，我凑了两万元，想给老驴拿去急用，他微信不收。

没办法，我给我妈电话，又给了我妈老驴家的地址，结果，我妈也是无功而返。

"我买了两斤海参送了去，唉，太困难了。"

8

所有的年龄感，都是呼啸而来的。

一年后，老驴升职做总厨了，周围的人都说快要认不出现在努力得过了头的老驴了。

什么是真正的成熟？哪怕别人的耳光打在你的脸上，你也不出声，更不会哭，而是背过身去深吸了一口气，用冷水洗了把脸，继续忙自己该忙的事情。没有思想上的绝地反击，怎么会有结果上的绝处逢生。

别人的轻视，足以鞭策我们前行。

也许午夜梦回时，他依然记得曾经有个女孩的妈妈，撇着嘴，满眼满心的不屑，"呵，帮厨，连个厨子都不是"。

只是，老驴的妈妈还是离世了，离世的头一个月，她抱上了孙子。

"新，我妈是笑着走的。"电话里的老驴，也是笑着说的。

可是我的记忆里，挥之不去的却是，婚礼现场他那张透着晴朗的脸，以及满脸的泪。

生者为过客，死者为归人。天地一逆旅，同悲万古尘。

有段子说"人间不值得"，我的上一本书的书名就叫《人生不易，但很值得》，无非是想提醒更多年轻人——在这珍贵的人世间，每天都有不公，每天都有遗憾，最最遗憾的是，我们绝大多数人，终将作为小人物度过这漫长的一生。

但也有很多时候，你会惊出一身的冷汗，告诉自己应该把今天当最后一天过——爱家人，爱自己，够努力。

总有一段时间是寒冷的，我们不能因为那些寒冷而止步不前，你要相信，前方有梦，一路花盛开。

人生不易，但很值得。

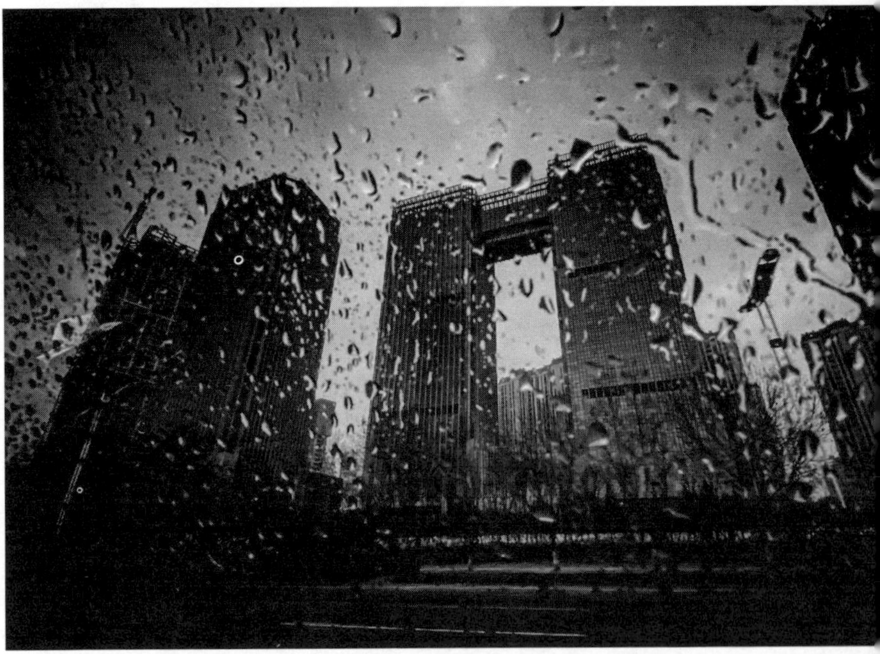

我欠你一句谢谢，
还有一句对不起

"不要和坏孩子做朋友啊！"这是我们从小就被父母告知的一个道理。

可是，苗姗姗曾经就遇到了一个坏孩子，还做了他的女朋友。

苗姗姗是我在研究生阶段教过的学生，她的男朋友是坏孩子阿岭。

"小新老师，知道您在写书，我给您讲一个我身上发生过的真实的故事，可能有些荒谬。"

1

高一那年，我第一次见到阿岭，我是刚刚进入高中的新鲜人，而阿岭是高一的留级生。

我在三班，阿岭在四班，我们的教室是相邻的。

见到阿岭，是在操场一侧的大柳树下面，他和几个男孩子躲在一边抽烟。当时，阿岭穿了一件黑色的衬衫，里面是白色的T恤，一阵风，衬衫的一角被吹起来，露出了很结实的腹肌和很好看的肚脐。

我当时心里就冒出了四个字——玉树临风。

她们告诉我，那是留级生阿岭，他不是个好学生，我们可得躲他远一点。

关于阿岭,女生们中间流传着太多传说:

阿岭曾经让两个女老师流产,而这两位女老师后来一个疯了,一个被调到别的学校去了。

阿岭曾经偷别人家的狗,把狗皮剥下来,跟一拨小流氓煮狗肉吃。

阿岭的出身不好,爸爸是强奸犯,而且是奸杀案,被判了无期,妈妈后来改嫁,阿岭跟着奶奶生活。

女孩子们窸窸窣窣地讨论,自古红颜多命薄,男人不也一样?

比如那个潘安,年轻的时候,坐车到洛阳城外游玩,当时不少妙龄姑娘见了他,都会怦然心动给他一个"回头率",有的甚至忘情地跟着他走。可最后,他却被满门抄斩,身首分离。

还有卫玠,一个面无表情的美男子,时人称之"璧人",洛阳居民倾城而出,夹道观看小璧人。由于围观人数太多,使得他一连几天都无法好好休息,这个体质孱弱的美少年最终累极而病,一病而亡。

还有武则天那个男宠,死了吧;还有被秦始皇处以极刑最终车裂而死的,是叫嫪毐吧。

差不多嘛差不多嘛。

这些女生,以她们掌握的课本上的历史知识和听来的野史,在佐证她们的观点。

可是,当阿岭穿着一身运动装出现的时候,女孩子们还是会在他身上多停留几秒钟的。

不得不说,阿岭的身材真的很好,胸以下都是大长腿。此外,他的脸也真的很迷人，是哪种帅呢？五官的轮廓有点像金城武，但又不像金城武那般阴郁。

他的发型有点像刚出道的郭富城。是的，那是属于20世纪90年代的发型，现在怎么看怎么老土，可是这样的发型，安在阿岭的脑袋上，就一点都不违和。

每次见到阿岭，哪怕是远远地看到他的背影，我也会心动一下，有的时候甚至稍微地疼那么一下。

窝在宿舍的被窝里，我暗暗咬牙发誓：下次我一定要上去跟他说句话。

终于有一天，下了课，我和小四、老六走出教学楼，正想往食堂走，一抬头和小四说话的时候，发现对面走过来的正是阿岭。

我愣了一下，来不及跟小四和老六说话，转身追上去。

阿岭走得很快，我追到了二楼，看见他马上好像要进教室了，赶忙喊了一句："前边同学，请等一下！"

他回头，我气喘吁吁地问："能不能帮我看一下李嘉博在不在？"

其实我知道我的那位朋友不在，我只是希望看清楚阿岭的脸，甚至跟他说一句话。

"哦？我看一下。"阿岭的脸上几乎没有表情。

一会儿他探出了脑袋，"不在"。

之后，阿岭又快步进了教室。

那一天，天高云淡，我永远记得阳光和空气里的香气。

还有，阿岭穿着一件白色衬衫，上面画满了蓝色的、紫色的和黄色的小音符，有点像一个爱捣蛋的指挥家。

18岁的少年，就像一阵风，风吹过，整片原野都绿意盎然了。

2

周一的课间，我本来正坐在座位上吃着薯片，看着镜子中的自己。

穿了一身白色连衣裙的我美美哒，我同桌无比毒舌的赵小东也说，"苗姗姗，你今天有一种清水出芙蓉的味道。"

我羞涩地一笑。

突然之间，我觉得身下一热，不好，好像大姨妈提前跟我报道了。

我拿起一包卫生巾，以百米冲刺的速度往厕所跑去。

正在我感觉身下的温热愈来愈强烈的时候，正在我想加速跑到厕所的时候，我撞到了一个人的怀里。

是的，那个人就是阿岭。

我后来回想，我俩正面撞击的那一下估计是很疼，因为阿岭本来就很瘦，而我的脑袋直接撞到了他的肋骨。

阿岭皱了一下眉，摆摆手。

我也顾不上说话，就在我准备继续冲的时候，阿岭低头在我耳边说了一句："好像你裙子脏了。"

"你，太过分了！"那一刻，我的脸应该是比煮熟的麻辣小龙虾还要红，而我脸上的感觉也是麻麻而又辣辣的。

我恨自己：为什么撞到的人，偏偏是阿岭？为什么我的大姨妈，来得如此汹涌澎湃而又不着调？

到了厕所，果不其然，白色的连衣裙的后摆，已经被染上了一抹红色。

当时厕所里一个人都没有，叫天天不应叫地地不灵，真的是欲哭无泪。

此时，外面传来了一个声音："喂，我的外套借你用一下吧。"

那天，我最大的愿望就是可以在厕所里待上一整天。

五分钟后，我的腰上系着阿岭的外套，扭捏着从厕所走回了教室。

高二下学期，文理分班。

我居然跟阿岭分到了一个班，而且他的座位就在我的身后。

现在想想，当时的我，多少有些傻白甜的，不时会有男生偷偷往我的桌洞里塞情书。

我的内心开始了一场辩论赛。

为什么非要找一个学习好行为中规中矩的人做男朋友？

为什么非要找一个志同道合只顾埋头看书的人做男朋友？

我选的又不是什么学习榜样和行为标兵！

一根颇有学识造诣的木头和一个有情趣的捣蛋鬼相比，我肯定选择后者——无论你给我多少次重新选择的机会，我的答案无二。

后来我才知道，当时我的心里只有坏孩子阿岭，而他并不知晓。

阿岭跟我们班别的其他坏孩子不太一样，比如那几位：

我们班主任在讲台上无比严肃地说，接下来咱们要统计一下班里的特困生。王胖子说，老师，每天下午我都特困，特别特别困。大家一片骚乱。

宋小六会把前面女生的凳子用脚偷偷勾走，然后坐等对方冷不丁坐在地上，或者大叫一声，这种游戏又无聊又无趣，可是折磨人的效果却神准无比。

阿岭永远都是沉默的。

他沉默地处在风暴的中心,周围风言风语风满天。

他沉默地看着老师们说这堂课我们要讲的是细胞核内染色体、DNA和基因三者之间的关系,听着老师们说高考还有286天所以已经进入了倒计时,看着女生们耍心机斗心眼扮姐妹演苦情戏……

当然,我和阿岭之间算不上是恋爱。

恋爱是两个人的事情,似乎有些悲哀,我单恋上了一个坏孩子。

我想对他好,真心的好。

我想搞到他的电话号码,是的,我用了"搞"这个字,带着阴湿的苔藓的颜色。

搞,就是不惜一切代价。

呵呵,我自己都想笑了,我是把一场辩论发挥成了一次演讲——《论爱上一个坏孩子的可能性》。

3

有些事情,就如同妈妈拆毛衣之后留下的一堆线头,缠绕着,甚至被打上了结。

但突然有一天,那个结居然被你打开了。

我和阿岭真正熟络,是因为学校的一次摸底考试。这次考试的重要性在于,如果考到了年级后三分之一,那就基本会被放弃。因为当时我们学校极其不人道,规定摸底考试的后三分之一要被单独放到两个班里。

第一门是语文考试。

我提前做完了试题,突发奇想地把选择题的答案抄下来,塞到了我身后阿岭的手里。

阿岭先是一愣,后来嘴部的肌肉不自然地抽动了一下,比画了一个嘘的手势。

考完之后,他走到我旁边:"你叫苗姗姗是吧?"

"嗯,是的。"

"哈哈,你还真的是姗姗来迟!"说完这句话,阿岭就走出教室了。

我想了半天,也没明白这句话的含义,而之后的数学、英语答案,我都抄给了阿岭一份。

考试结束后,阿岭走到我面前,趴下身来,跟我说:"喂,苗姗姗,要不,你做我女朋友吧。"

你知道牛顿坐在苹果树下被苹果砸中想到万有引力定律的感受吧?

此时此刻,我就是牛顿,有点蒙的被阿岭砸中了。

我毫无一般女孩子的矜持,开心地说:"好呀好呀。"

第二天,他居然送我了几朵玫瑰花。

我问他:"那么多刺,你的手没被扎吧。"

"哈哈,姗姗,看,我的手上有保护层。"

果然,那是厚厚的一层茧,泛着淡淡的黄色。

后来,我才知道,那根本就不是玫瑰花,那是他家种的月季花。

两天后，摸底考试的成绩出来了，我和阿岭都不是后三分之一，这是可喜可贺的一件大事。

我们年级组织了一次夏游活动，据说，这次活动之后，我们就不会再有任何集体出游的项目了，因为高三会是无比严酷的。

我和阿岭并排走在夏游的路上。

我正喘得像一条老狗，阿岭却突然拉起了我的手——"哇，苗姗姗，我有女朋友咯！你是我女朋友咯！"

一脸的得意。

我的同桌赵小东问我："你怎么能跟坏孩子在一起呢？"

我说："那是不是说明我也是坏孩子？"

赵小东说："怎么会，你那么漂亮。"

我说："阿岭也很帅。"

赵小东眼睛瞪得很大："可是，他也很坏。"

"比如？"

赵小东说："人尽皆知！"之后，他吐了吐舌头，好像遇到了一个不可理喻的人。

嗯，也不得不说，赵小东吐舌头的表情有一点娘。

过了很久，我问阿岭："你为什么要主动让我做你女朋友？"

"因为我发现，你太有心机了，这非常有利于下一代的繁殖。"

这无论如何也不是夸女孩子的正确打开方式，我噘着嘴，表示不满意。

阿岭说——

有一次，你拿水的时候，故意洒了一点到我的桌子上，然后帮我擦，有这么一回事吧？

还有一次，你的演算纸上，都写满了我的名字，有这么一回事吧？

当然，那一次，你的白裙子，你应该不是故意钻到我怀里的吧？

我捂上耳朵："不是不是，白裙子那次不是……"

"那你的意思是说，那两次，我都猜对了？"

我继续捂着耳朵："我不想听，不听不听。"

"我喜欢你，姗姗。"阿岭的眼睛里闪着光。

"阿岭，我可以问你一个问题吗？"

"嗯？"

"我从来没有问过你，那些传言到底是真的还是假的。"

"传言？什么传言？"

难道，风暴中心真的才是最安静的吗？

"她们说，你曾经让两个女老师流产，而这两位女老师后来一个疯了，一个被调走了。"

他说："切，姗姗，我的初吻还没给出去呢。"

"她们说，你曾经偷别人家的狗，把狗皮剥下来，跟一拨小流氓煮狗肉吃。"

他说："姗姗，我喜欢狗，也喜欢小猫，怎么可能吃狗肉？"

"她们说，你的爸爸是强奸犯，而且是奸杀，还坐着牢，妈妈也改嫁了，这个是真的吗？"我小心翼翼地措辞。

他说："姗姗，这个是真的，我爸爸是罪犯，我妈妈改嫁了，我跟着爷爷奶奶生活。"

我顿了顿:"阿岭,我抱抱你吧。"

"姗姗,我觉得我爸不是那样的人,你信吗?"

"我信。"

4

有一段时间,我发现阿岭的眼睛总是布满了血丝,白天也总是哈欠连天,我的第一反应就是他不会跟着坏人吸毒了吧。

你看,我们的猜测总是可以脑洞大开,把自己都吓了一大跳。

连我都想不到的是,阿岭在下了晚自习之后会出去干兼职。他穿着紧身的裤子,在一家酒吧里跳舞,每个月能赚 850 元。

他跟我说奶奶突然咯血了,家里又没有足够的钱,所以他跟那个酒吧老板预支了 3000 元,带奶奶去看医生。

每个看似平淡的流年背后,都有一段辛酸往事。

你说怪异吧,从我长大之后,阿岭是叫我名字最多的一个人,他总是说,姗姗,我们去吃饭吧;姗姗,你得多吃点,这样才有劲跟我吵架;姗姗,晚上不能再熬夜了……

我说,好的好的。

阿岭说:"姗姗,每次叫你的名字,我都觉得很幸福。"

有一个晚上,正上着晚自习,阿岭塞给我一张纸条——"姗姗,跟着我去钓鱼吧"。

我回头看了他一眼,点了点头。

紧接着,我们一前一后走出了教室。

爱上了一个人就是这样吧,他跟你说,我们去赴汤蹈火吧,我们去浪迹天涯吧,我们去私奔到天亮吧。

你不问因果,不问心情,不问时间,你只是点头,说一句好,我跟你一起。

漫漫长路,最安心的事情也不过是——我喜欢跟你在一起,你也喜欢跟我在一起。

路上,阿岭跟我讲夜钓的技巧。

他说夜里有三个上鱼的高峰,分别是晚上八点到九点,十一点到凌晨一点,三点到五点。

"那我们要钓到凌晨五点?"

"哈哈,姗姗,怎么可能,我们又不是私奔。咱们就钓一个小时,刚好今天班主任请假了,没有人查晚自习,我们钓完鱼,我送你回家。"

在河边,我摸着他的手,手上那些很硬的茧子。

"你这怎么弄的?"

他盯着手里的鱼竿,不说话。

"你干了多少活?"

他转过头来,趴在我耳边:"嘘,姗姗,鱼都被你吓跑了。"

我的耳朵痒痒的。

后来,阿岭就带着我,还有钓来的那些鱼,去看了他养的一群流浪猫。

那些猫咪看到了阿岭,纷纷围过来,有些谄媚地叫着。

阿岭跟我说,你看这些猫咪多么幸福。

我说有吗?

他说,当然有,猫的幸福生活是,睡醒了吃,吃饱了玩儿,玩累了接着睡……

让人崩溃的是，我们夜钓这件事，还是被班主任知道了，她义无反顾地把这个秘密添油加醋地通知了我爸。

我爸把我从班主任的办公室里拖回了家。

为了阿岭，我爸第一次打了我。

我爸说："小小年纪不学好，还谈恋爱，你不知道你是学生吗？学生该做什么事情，你不知道吗？"

我嘀咕了一句："可是，我学习成绩并没有下降。"

我爸说："你他妈不看看对方是个什么人？你就不怕被人家给欺负了？"

我说："他并不像你们想象的那样，他是一个很好的男人。"

我爸说："他是男人吗？嘴上没毛，办事能牢靠吗？"我爸一直是有些宠溺我的，他并不擅长跟我严肃对话。也许他也奇怪，他一贯懂事好学的女儿是着了什么魔了。

我说："可是我喜欢他。"

我爸又一个巴掌打到了我的脸上："你不要有一天吃亏了，再哭爹喊娘。"

我妈在一旁抹眼泪："姗姗，你怎么这么糊涂。"

我也觉得奇怪，这个世界到底是怎么了？

糊涂的人自觉清醒，清醒的人又被骂糊涂。

趁着我爸妈不注意，我还是溜出了家门，去找了阿岭。

"阿岭，我们私奔吧。"

阿岭搂着脸上两酡红的我，依然沉默。

我说："阿岭，我想嫁给你。"

他说："不，你应该找一个好人家的儿子。"

"可我就想嫁给你。"

"如果这是你的真心话，那就等等我，好不好？"

我点了点头。

再贫瘠的沙漠里，也总会生出一株绿色植物。

有时候，我分不清楚，我和阿岭，谁是沙漠，谁是绿洲。

5

生活给你的那些刁难，总有一天会变成礼物。

本地一家艺术学院的三个老师从酒吧里发现了阿岭，他们让阿岭在他们面前跳两段舞。就在阿岭跳了 20 秒钟左右的时候，有一个戴着黑框眼镜的老师带头鼓掌——"这位同学，你可以免试到我们舞蹈系了"。

这对于阿岭来说，几乎是不可想象的事情。

我生日那天，阿岭约了我。

他说这个日子最适合表白了，这一天是 5 月 21 日。

阿岭把我带到了一家金店，左挑右选，给我买了一枚戒指，那枚戒指的价格是 899 元。

阿岭说："姗姗，我说过，让你等等我，等我们结婚，我给你换一个更贵的，8990 元，不，89900 元的。"

我说:"阿岭,我不要贵的,我只要对的,我只要你。"

就像张艾嘉讲过的一碗粥的故事:

从前有一个小男孩跟一个小女孩说:

如果我只有一碗粥,

一半我会给我的妈妈,

另一半我就会给你。

从此,小女孩就爱上了小男孩。

可是,大人们都说:

小孩子嘛,哪里懂得什么是爱。

后来,小女孩长大了,嫁给了别人,

可是每次她想起了那碗粥,她还是觉得,

那才是她一生中最真的爱。

阿岭看着店员把那枚戒指放在很精致的一个盒子里,然后又被我郑重地放到了包里。

"姗姗,我从来没跟你说过我的理想吧。"

"啥理想?"

"做一个保安。"阿岭的神情突然严肃了起来。

"啊?我……"

"怎么了,做个保安夫人不可以吗?"

"我……可以……"

"傻姗姗,我的理想,就是保你一生平安。"

"……"

"姗姗，之前我觉得我的出身不好，爸爸犯了罪，我又没有什么出息，所以没法给你任何承诺。现在，我想给你一个承诺，如果你愿意跟我在一起，我也愿意奉陪到底。"

当"愿意"这两个字出现的时候，我有一种在婚礼上宣誓的错觉。

就当我想说出"我愿意"这三个字的时候，从我身边突然蹿出来一辆摩托车。

坐在摩托车后座的人，一把夺走了我的包。

阿岭以豹子一样的速度往前蹦了一下，之后，就重重地摔在了地上，又被后面的一辆面包车碾过。

再之后，就有人跑过来，大声嚷着，出事了出事了。

我的眼神就随着阿岭，被摩托车带出了一条抛物线，摔在了地上，又被车轮碾过了腿。只是，嗓子里一句话都喊不出来。

就像海的女儿，被巫婆拿走了声音。

我看到阿岭的嘴角流血了，一只脚的脚踝那里露出了骨头，不是想象中的白色，而是一种奇怪的青色，看着就让人心里生出一股寒意。

很多人围过来，看着我和阿岭，指指点点。

我咽了几口唾沫，仿佛用尽了最后一点气力："赶紧把他送到医院。"

没有人去追那个抢劫犯，也没有人在意事故到底是怎么发生的。

只是当我爸来到医院的时候，又用力地给了我一个巴掌。

我爸恶狠狠地说："你不会再见到他的！"

我据理力争："可是我喜欢他！"

仿佛又回到了我爸第一次打我的时候，鸡同鸭讲，互相不认同。

我爸说:"你没发现吗?他就是个扫把星,晦气死了。"

"就算他是扫把星,我也要嫁给他!"

我爸跟不认识我一样,盯着我的眼睛:"喂,苗姗姗,你他妈吃什么迷魂药了?"

我转过头去,大口大口地喘气。

此时,距离高考还有16天。

足足两周的时间,我被父母锁在了家里,手机被没收了,电脑也不能上。

就那么一瞬间,彻底隔断了跟这个世界的关联。

我就像被囚禁起来的小兽,恨不能咬舌自尽。

16天后,我参加高考。

考试间隙,我用学校里的固定电话打给阿岭,可显示是空号,之后,我又到了一家网吧,在QQ上试着联系阿岭,可是他的头像始终是灰色的,我给他的留言,最终也没有得到回复。

我清楚地记得我生日那天,阿岭见我的时候,穿着蓝色的运动裤,头发比之前更长了一点,他说艺术学院的老师已经来过学校了,免试的手续基本上已经办完了。

他手里还拿着一张报纸,他指着报纸上的一个陌生面孔,告诉我这个年轻人叫易建联,才21岁。

在那家金店里,店员正在讨论四川发生大地震了。阿岭说,姗姗,你要好好考试,只有我们都好,我们的未来才会更好,当然,前提是,我们都要平平安安的。

那一天是 2008 年 5 月 21 日，我 18 岁的生日。

好多年过去了，那一段记忆却依然浓烈而深刻。

5，2，1，我爱你，我只爱你一个人。

6

两个月的暑假，有几次，我都觉得肯定能联系到阿岭，可是 QQ、邮件、电话、短信，都没有任何音讯。

我跑到阿岭家，大门紧闭，锁似乎很久都没有动过的样子。

阿岭真的消失了。

以前我总是很天真地以为只要自己认真对待，我们就会在一起很久很久，直至一辈子。

可是最后，依然是我一个人走在昏黄的路灯下，苦笑着，哭笑不得。

有人说，我们的性格从小就形成了，三岁看老嘛。可是，我却觉得是我们经历的一切，造就和成就了现在的我们。

我的身体里住着阿岭，那个沉默的坏孩子。

过完暑假，我带着行李，跑去了 1000 千米之外的北京读大学。

临走的那天晚上，我做了一个梦：

梦中，我们都回到了高考复习最紧张的那个阶段。教室里的每个人都低头写着什么，突然，阿岭凑在我耳边轻声说：姗姗，快看，窗外有彩虹。下一秒钟，我们两个人就像两个孩子一样，手牵手一路狂奔出了教室。我们跑到了教学楼顶，看着彩虹，肩并着肩，在楼顶放肆地大笑。

阿岭突然收住声，转头看着我，将我的身体扶正，搂住了我的腰。

阿岭还穿着那件白色的T恤，领口被我的手压住，露出了左锁骨处那颗淡淡的痣，就像是上帝文上去的信物。

我咽了一口唾沫，说："很老练啊。"

"我在心里预习了一百遍。"

"还预习什么了？"我问，说完这句话，我马上就后悔了。

在最青涩的那个年纪里，我们爱得小心翼翼，甚至都爱得笨拙，就像那么多次，我们几乎就可以亲吻对方了，但我们都没有。而这个悠长的梦里，天空有那么好看的彩虹，我身边的阿岭亲吻着我身上的每一寸肌肤，很轻很轻，就像把我当成了一个陶瓷娃娃，生怕不小心把我碰碎。

瞬间，天旋地转，我们被一双手推倒了！

两个人从楼顶掉了下来，那种强大的失重感！

我醒了，胸腔里的气体充盈着找不到出口，满头大汗，右手紧紧揪着被子的一角。

大学了，我可以不穿校服了，我可以做漂亮的指甲、涂口红了，我可以不用偷偷摸摸谈恋爱了。但是我好想回到那年的夏天，我们穿着校服在热死人的教室里写一张又一张的卷子，抱怨该死的学校为什么不放假，好奇我们的未来到底会拥有怎样的人生。

那年夏天，我们无比憧憬现在，现在，我们无比怀念那年夏天。

大学四年里，我依然通过不同的方法在获取阿岭的消息：

有人说，他因为那次事故，手术失败肌肉萎缩，腿瘸了，自然没法去艺术学院跳舞了。

也有人说，他因为那次事故，一辆面包车碾碎了骨头，腿瘸了，去南方一家食品厂打工去了。

还有人说，他因为那次事故，巨大的撞击力导致腿瘸了，后来就自暴自弃了。

是的，不同的说法里，一致的是，他因为那次事故，腿瘸了，也无法如愿去那家艺术学院。

那一扇门，隔着梦想和现实，倏忽一声关上了。

我的心，被紧紧地揪住了，就如同衣领被人给抓了起来，勒到最后完全无法呼吸。

试过了无数种方法，但始终没有得到他的只言片语之后，我告诉自己，也许他压根就没有那么爱我，因为我不是他的独一，他也未必是我的无二。

也真是够汗颜的，这么多年，对我不离不弃的唯有大姨妈了。

有一种莫名的恨意，在我心里弥散开来，不知道恨的是杳无音信的阿岭，还是荒谬的人生际遇。

人终究不如蝼蚁，昆虫还能够成为一颗琥珀，永久定格。

可是人呢？

所以我们才不断地问：他们，真的就这样永别了吗？我们，真的就无法再见了吗？

7

终于，在大四即将毕业的时候，我在高中同学群里等到了阿岭的消息。

阿岭的爸爸出狱了！

更让人惊讶的是，阿岭的爸爸拿到了64万元的国家赔偿，因为当年奸杀案的犯罪嫌疑人被抓获归案了。

也就意味着，当年，阿岭的爸爸所背负的是一起冤案。

同学在群里共享了我们市里电视新闻的视频，阿岭的爸爸留着光头，有点像一颗突兀的卤蛋。

短头发的女主持人举着话筒问他，出狱后最想做的事情是什么？

阿岭的爸爸沉默了很久，说："这些年，太欠儿子的，希望这64万元，给我儿子补办一场体面的婚礼。我……对不起儿子……"

视频里，阿岭坐在爸爸旁边，面无表情，一个劲儿流眼泪。

我这才知道，高中毕业后，阿岭去了南方，跟着师傅学了摩托车修理，后来娶了师傅的女儿，也已经结婚生子了。

同学群里，有人说："啧啧啧，我就说其实阿岭当年人品还是很好的，就是不怎么爱学习。"

有人说："对，我和阿岭是一个镇上的，有一次我的自行车爆了胎，还是阿岭帮我修的。"

又有人说："你们有没有觉得阿岭长得有点像韩国一个明星？"

"据说，他爸被放出来之后，阿岭哭了整整两天两夜，对了，他的腿是瘸了是吧？可惜。"

我对着这些留言，越看越模糊，直到一滴眼泪"啪嗒"掉在了手机屏幕上。

我悄悄关上了 QQ 群。

没有人记得当年有个女孩子，心心念念着她的阿岭。

最悲哀的事情是，你以为最宝贝的那个人被你弄丢了。而之后，你才发现，不是你丢了他，而是他舍弃了你。

最荒谬的是，你没错，他也没错。

可是，你们却错过了。

8

毕业后，我去了北京，进了一家外企，做上了主管。

我慢慢丢掉了一些好习惯，唯一坚持下来的就是想念你，会在努力地将所剩不多的牙膏挤干净时想念你，会在阳光晴好的日子晾白色衬衫时想念你，会在开车经过离公司两个路口的那所高中门口想念你，甚至会在购物后接到一枚闪亮亮的硬币想起你干净而明亮的笑容。

对我左手无名指上的那枚戒指，很多人都非常感兴趣。

一个小妹妹问我：姗姗姐，你的戒指好复古，你实话跟我说，你是不是隐婚？

我没法跟任何一个人解释，那枚 899 元钱的戒指涂满了我的青春和青春里所有的痛，是你留给我可以摸得着的最后的纪念。

我将自己包裹成了一个谜，有些男生想解开，最后都因为我的冷淡悻悻而归。

春节假期，阿岭终于回到了老家，带着他三岁的儿子。

此时的我，依然是一个大龄单身女青年。

我父母的论调是："一个姑娘家，这个年纪不结婚，不恋爱，不相亲，不是生理有问题，就是心理有问题。"

我扬着脸，问他们："那你们觉得，我是哪里有问题？"

他们的脸，同时阴沉了下来。

"这么大的年纪不生孩子，将来想生，都没法生……"

我的高中同桌把阿岭的微信推给了我，我颤抖着加了他。

很快，阿岭通过。

我居然不知道如何开口说第一句话。

我翻开阿岭的朋友圈，看到了他的儿子跳舞的视频。

三岁的小娃娃，听到音乐就开始跳，节奏卡得有模有样，就像当年无师自通的阿岭。

很多时候，我们面对好久不见的人，不管思量多久，最后都还会是那句几乎白痴的"你还好吗"。

我们一生会撒无数个谎，最容易脱口而出的谎话就是"没事我很好"，我不想撒谎，也避开了寒暄，拍了自己无名指上的那枚戒指，微信发给了他。

我眼见微信对话框显示"对方正在输入"，很快，收到了阿岭的回复。

"姗姗，我对不起你，当年许你一场空欢喜。"

"阿岭，我从来没有后悔过。"我鼓足了勇气，发了信息过去。

他回我:"姗姗,是我配不上你。"

我看着这句话,轻轻闭上了眼睛,温热的泪涌出来。

你曾经说我是姗姗来迟,我也以为如此,其实,我们都错了,我不是姗姗来迟,而是早到了一点点。

阿岭发过来一段语音,一个小朋友奶声奶气的声音:"阿姨,我叫想山,爸爸说你是他最好的朋友。"

我的手心瞬间挤满了汗,问:"你,你,叫什么?"

"想山,爸爸说,他从小在山里长大,最喜欢大山了。他还说,要带我回去看大山……"

"想山,阿姨也喜欢大山……"我的嗓子一阵紧,泪流满面。

想山,想姗。

阿岭,我再也不是小孩子了,不是一颗糖哄哄就会跟着走的女孩了,可是,那一刻,我真的还想跟着你走。

但我更知道,不是所有的喜欢都必须得到,能遇见便很难得,更何况,故事的开头也曾经写过了。

日记本上,我写下了这样一段文字:

晚上的街道是安静的
公园里的花是清香的
耳朵里的音乐是放肆的
路灯是忽明忽暗的
脚步是沉重的

心与心的距离是不确定的

　　路边摊的人是宿醉的

　　想念是刺骨的

　　星星月亮是慵懒的

　　人们是疲倦的

　　而我终于可以安然入睡了

　　有的时候我们需要的只是一个结果，不管那个结果是期待已久的好消息，还是恶果一颗。

　　我以为当一切尘埃落定的时候，我便可以睡个好觉了。

　　没想到，一晚上的噩梦。

　　阿岭，我知道，过往的这么多年，我以为他舍弃了我，而事实上，我始终欠他一句谢谢你，还有那句对不起。

　　我的对不起，是因为这么多年我的误解，我们习惯性地站在自己的立场考虑问题，却忽视了对方的艰难处境。

9

　　姗姗的故事看完，你觉得是美好，还是悲伤，还是她口中的"荒谬"？

　　我们总会遇上一个人，在我们的青春里，主演一场悲剧，又或是喜剧。

　　我允许那是一场悲剧，或者喜剧，唯独不允许那是玩笑般的闹剧，因为，那似乎是对我们过往的全盘否定。

成年人连恋爱都谈得理性，大家都是各取所需，有些话就不需要说得太明白，合得来就继续，合不来就干脆利落地分手，大家握手言和，说不定下次还能带着新欢出来喝酒。

　　但20岁的我们，不一样。

　　有时会无理取闹，有时会很任性，陷入恋情中的我们会觉得孤独与敏感，难以控制自己的情绪直到痛哭流涕。

　　爱情，对于20岁的我们来说，是这世界上最重要的事情。

　　我们都曾经有过一个奢望：一辈子，只遇见一个人，只爱一个人，让对方成为自己的第一个，同时也是自己的最后一个。

　　这就叫一生一世一双人。

　　可遗憾的是，我们从来不能自己决定在什么时候，让什么人，来到或者离开我们的世界。

　　很多人都重逢了，唯独当初深爱的那个人，再也没有遇见过。

　　也许喜欢怀念你，多于看见你，因为此时的我们，连想念也成为一种打扰了。

　　有人说，情歌好听，情话动人，不过是因为听懂的人，都曾经被伤害过。

　　我从来都不害怕在爱情里被伤害，我怕的是，世界上有形形色色成千上万种爱，可是每一种爱都不会重来。

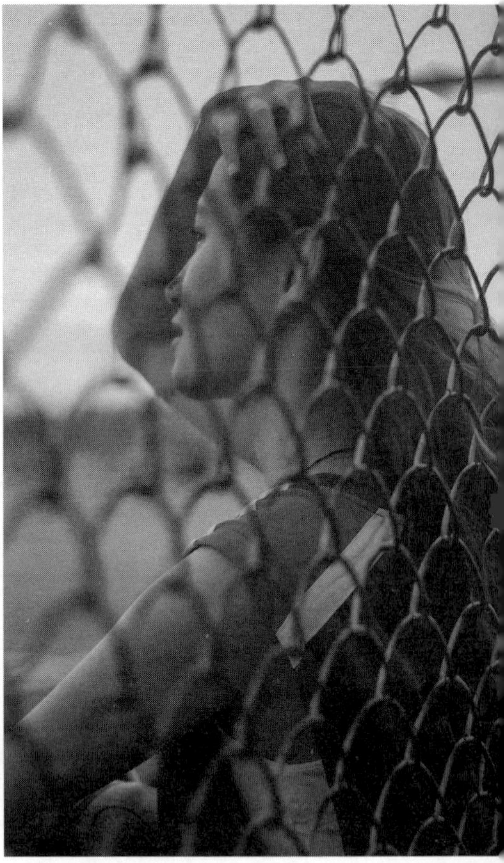

你若爱我，
我便爱你更多

"新哥，你懂那种相见恨晚的感觉吗？"

陈奇问的时候，微眯着眼睛盯着我，害得我用手机屏幕偷偷照着我的脸，又做了个嘟嘴的鬼脸，脸上的肌肉不断做着高难度的体操，就为了看我是不是菜吃到了牙齿上，或者鼻毛不听话地探出身来放风。

"新哥，你认真点行吗？"

陈奇是"尚"酒吧里的一个普通歌手，长着一对可爱的小龅牙，有点像演员张译，平时除了唱歌之外，还喜欢创作歌曲，是的，按照他自己的介绍，陈奇是一位在本地名气不大的原创歌手。

"我第一次遇见绒绒，就是相见恨晚的感觉。"陈奇开启了自问自答模式。

有人说那叫一见如故，还有人说那叫一见钟情。

只是，还没有开口讲话，怎么如故？还没有眼神交会，怎么钟情？

陈奇说了，那种感觉最精准的描述就是——相见恨晚。

1

那一年我大二，绒绒大三。

严格意义上来说，绒绒是我的师姐。

我们相遇的地方，是无比神圣的图书馆。

我们的认识过程是这样的：我烦透了寝室里那几个叫嚣着玩游戏的室友，简直是浪费青春浪费人生。作为一个校园歌手，注意了，是原创的校园歌手，我需要安静的空间来创作，虽然这句话有些装13。

第一次见到她，我发现在我原来坐的位置上，正端坐着一位妙龄少女，留着波波头，眼皮是内双的，低眉顺眼，很单纯美好的样子。

如果是石榴姐坐在那里，我一定会毫不留情地走过去，请她离开那个座位。没办法，脸，一定是人与人之间建立联系的第一媒介。

我在她的对面坐了下来，就这样，我和她坐在彼此对面的位置，持续了一个星期。

其间，我们偶尔同时抬起头，不小心对视了一秒钟，之后不好意思地移开了视线。

我堂堂一个小有名气的校园原创歌手，主动去向一个女孩子示好，多少有点困难，毕竟是有心理负担的。

我在内心深处反复劝慰自己：蜂鸟在面对心仪的异性时，会以每秒385倍身长的速度从高空俯冲，它张开尾巴，以便发出巨大的声响引起雌鸟的注意，此时它会承受9倍重力的负荷，这比最快的战斗机所承受的重量还要多 2 倍，可见蜂鸟为了爱情甘愿以身犯险的豪情。

我用不着以身犯险，只是开口讲话而已。

"请问能借你的笔用一下吗？"我叩了叩她的桌面，把嘴巴张得很大，努力让她通过嘴型来判断我说了什么。

她看了一眼我，把一支水笔推到我面前。

"你怎么称呼？"

她眨了眨眼睛，笑了，却没有回答我的问题。

2

晚饭的时间到了，对面的女孩收拾书包，我低头看了一眼手机上的皇历，宜嫁娶。

女孩背着双肩包走出了阅览室，小小的个子，就像一只可爱的小松鼠。

我跟在她的身后。

我想象着，如果有一天，我们两个人走在校园的小路上，我们肩并肩，手牵手，我们安静地亲吻，周围的人不由自主地发出由衷的赞叹：这俩人真 TM 配。

陷入恋情中的我们，往往失去智商，但追一个人的过程里，脑细胞却全部排队立正准备作战。

当时，我的大脑在以俄罗斯米系列直升机螺旋桨的转速飞速运转，因为，毕竟最初我是出师不利的。

当然，这就存在着几个可能：

可能之一，我的外貌有点吓到了她，其实，我也没那么惊人，只是有一对小龅牙，但我是一个创作歌手，更何况那对小龅牙挺可爱的。

可能之二，她已经有了男朋友，不能接受另一个男人住在她的心里，真是一个好女孩。可是一周之内，也没有见有雄性动物陪着她。

可能之三，她是用了套路，欲擒故纵。

哦，还有一种可能，她觉得我是一个坏男人。那也不对，男人不坏，女人不爱。

我突然想到，她在看的应该是英语辅导书，所以，我是不是应该用一点计谋？

我快步超越了她，"这位同学，你也喜欢英语吗？我就是英语协会的，我可以推荐你加入我们的"。

她停下来，笑了："真的吗？我可喜欢英语了。"

"那我帮你好了，我保证我们英语协会的会长会很喜欢你的。"我恨不能拍拍胸脯，尽管我心里知道此时此刻我是一个彻头彻尾的大骗子。

"会长是叫什么来着，我好像见过她一次的。"

当我听到这个问题的时候，我恨不能把我的舌头咬掉，天知道的，我压根就不是什么英语协会的会员，也压根不认识那个天杀的会长。

我是听我们辅导员在给我们上大课的时候说过那个英语协会的会长甚是了得，是叫玉玉，还是如如，或者是莹莹。

"嗯，是叫……"

"是绒绒吧？"

"对的，是绒绒，是绒绒，名字在嘴边却说不出来了。"还好还好，这个女孩知道名字，也没有让我太过尴尬。

正当我暗喜的时候，女孩子的第二波炸弹又射过来了。

"这位同学，我叫绒绒，是我们学校英语协会的会长，幸会。"她伸出手来。

那一刻，天空中真的有一声响雷，我本能地缩了一下头。

从小，我妈就告诉我，儿啊，千万不能撒谎，撒谎会打雷的。

"一起吃晚饭？"她冲着我指了指餐厅的方向。

绒绒师姐那也是见过世面的人，马上给我指了一条明路。

我用力点了点头，那一条路，我如同憋了一天的尿一样步步艰难，我人生中没有哪一次晚饭吃得像那天那么忐忑和沮丧。

以至于全程，我都不敢抬眼看绒绒，只是低头吃着我最爱的排骨土豆米饭。

对了，我这份饭不是我刷的饭卡。

我靠，绒绒替我刷的卡？

你所有的茫然无措，你所有的心不在焉，你所有的恍惚迷离，不过是因为遇见了一个人。

3

好在，我一直都是一个脸皮厚的男生，世界上威力最大的手枪——Zeliska超大型左轮手枪都未必能穿透。

第二天，我依然坐在阅览室我之前那个位子的对面，就如同在老地方等着一个故人。

绒绒也果然没有失约，准时到达，冲我打了一声招呼。

后来，我才知道，本来绒绒是进了他们学院的保送名额，可是绒绒坚持去北外，她说这就好比学医的最好去清华大学医学院，学法学最好去北京大学法学院或者中国人民大学法学院，这都是一个道理。

所以，她毅然拒绝了本院的保送。

绒绒看着复习资料，我就坐在她对面创作。

我居然真的写了一首歌，歌曲的名字就叫《绒绒》。

绒绒，你知道我喜欢你吗？
绒绒，你也会喜欢我吗？
遇见了你，我不怕风吹雨打，
爱上了你，我感觉不再害怕。
啦啦啦啦，
你是我心里最美的那一束花。
啦啦啦啦，
你答应我，我们在一起吧。

我给绒绒写了一张纸条，推到了她面前——"今天晚上八点钟，操场西门第八棵大柳树下面，听我唱歌"。

她看了一眼，冲着我笑了。

是的，我们真正认识还不到24个小时，除了晚上睡觉、中午吃饭的时间，我们共处一室不到10个小时，我们两个人的对话，算上见面的乌龙事件，大概有10句左右的问答。

我的心里七上八下的，她到底会不会赴约。

应是天仙狂醉，乱把白云揉碎。

果然，绒绒出现了。

我连一句寒暄都没有，看到她走近，就弹起了吉他。

绒绒，你知道我喜欢你吗？

绒绒，你也会喜欢我吗？

遇见了你，我不怕风吹雨打，

爱上了你，我感觉不再害怕。

就在我要唱"啦啦啦啦，你是我心里最美的那一束花"的时候，我突然啦不出来了，对一个原创歌手而言，最糟的事情就是忘记歌词。

我只能不断地"啦"了下去。

这时候，一只蚊子趴在了我的胳膊上，一根刺毫不留情地插入我的脚面，都怪我穿了一双夹趾拖。

唱完之后，我确定我的胳膊至少被咬了四五个大包。

可是我不能表现出有丝毫的困扰，我要表现出自己的专注。

我缓缓走到绒绒面前："绒绒，这首歌送给你，我想成为你的男朋友，你愿意吗？"

绒绒点了点头，答应了。

绒绒居然点了点头，绒绒居然答应了。

绒绒真的点了点头，绒绒真的答应了。

其实，唱歌的过程中，除了那只来捣乱的蚊子，我还走了别的神儿。

十米开外,有一个体重能达到260斤左右的女孩子正在压腿。我一直都很疑惑的是,为什么有些胖子的灵活性那么好,而我这个瘦子却身体僵硬得让人崩溃,简直是一把鼻涕一把泪。

而在我左前45度角的方向上,有个男生在给他女朋友讲三国里的关羽之死。他讲的其实很烂,他说关羽字云长,其实关羽本来字长生,是后来改成了云长的,而且关羽驻于江北重修的是江陵城,而不是陵江城。但是他们两个人一边讲一边评论惋惜的样子,还是很有爱的,甚至让人嫉妒。

因为那首《绒绒》,我和绒绒就真的成了男女朋友。

也许在青春的某一程里,我们都孤独,我们都需要找一个人来陪。

单身的时候,一人吃饱全家不饿,可是你的左手边有了另外一个人,真的可以吃到蜜糖,而且怎么吃,也都依然饥肠辘辘。

比如踩到了井盖,绒绒说要打我一下,这样才能赶走霉运。这也是第一个告诉我如此真理的人,她打我一下我心里美一次。

这就导致了只要我跟绒绒在一起,我逢井盖便主动去踩,结果有一次我直愣愣地就踩进去了。

"扑通!"

靠,那个井盖是坏的,我们城市守护天使的良心呢?

我和绒绒去吃香辣酱炒螺蛳和排骨土豆米饭,我说你看这个多好吃,我们以后结婚了就天天吃。

她突然来了一句:"陈奇,我不希望你太排骨了,没有手感的。"

那一刻，我突然觉得排骨土豆米饭里好像放了芥末，有点呛人的味道。

我和绒绒坐在电影院里看《少年派的奇幻漂流》，我们看到漂流的最初3天，鬣狗咬死了猩猩，活吃了斑马，老虎又杀死了鬣狗，有点摸不着头脑。

绒绒趴在我耳边，说："你知道吗，陈奇，为了找到那个能跟我看电影的人，我走了好远好远的路。"

"走累了，我就帮你揉揉腿，没关系。"绒绒喜闻乐见的，就是我陈奇乐于奉献的。

我跟绒绒一起看了《太极宗师》《致我们终将逝去的青春》《西游降魔篇》《中国合伙人》《北京遇上西雅图》《宫锁沉香》《分手合约》《毒战》《激战》……

有些遗憾的是，她再也没有说出那么可口的话。

实在没招了，我就跟她一起看了《巴啦啦小魔仙》。

看完后，她依然是无感的。

我说这个《巴巴啦啦小魔仙》真够难看的，绒绒说，这是《巴啦啦小魔仙》，不是巴巴啦啦坑坑洼洼。

我说，反正真够没劲的。

拿着那些电影票票根，我有一种败家爷们找到败家娘们的感受。

况且，绒绒最近不是应该把精力放在备战考研上吗？

4

我问过绒绒一个愚蠢无比的问题:"喂,你们英语专业的学生考研多么幸福,英语就不用头疼。"

作为一个中学的英语学霸、大学的英语学渣,英语成了我大学里的梦魇。

绒绒笑了半天:"大哥,我们才不容易,我们要考二外、基础英语、英美文学、翻译,宝宝心里更苦!"

话虽然这么说,但我能感觉到绒绒应该是胜券在握的。

那一天我记得特别清楚,12月26日,就是圣诞节的第二天。

头一天晚上,我在寝室给绒绒发了一条微信:"绒绒,放心,我已经替你穿上了红内裤,明天考试,你一定会红红火火的。"

她回我:"去你的,你是想让阅卷老师画满红叉叉吗?哈哈。"

我回绒绒:"那我就换一条黑色内裤吧。"

绒绒又回我:"姐以后出息了,就包养你这个小白牙……"

"小白牙",请问,这是小白脸和小龅牙的合体吗?

第二天上午8:30,绒绒考第一门思想政治理论。

我们的教室都让出来给考研的考生了,我就在考场外面等她,绒绒是考场里第一个交卷出来的。

下午考的是第二外语。

就在这个时候,绒绒突然接到了一个电话,是她舅舅打来的。

舅舅说:"绒绒,你赶紧回来,你妈妈突然脑溢血。不知道能撑到什么时候……"

绒绒没有参加接下来的考试，直接就要订火车票回家。

我多嘴，问了她一句："要不考完再回去？"

她正眼都没看我一眼："擦，我妈如果没了，我考上北大清华又有什么意义？"

绒绒生长在单亲家庭，一直和妈妈一起生活。

这之后，绒绒再也没有主动联系过我，大多数时候都是我发了几条短信她只回一条，我打了三通电话她能接通一次而且总是说在忙。

连我自己都恍惚了，我是做了一场梦么。

那个叫绒绒的姑娘，她爱我吗？

我不确定了，就像我们俩只见了一面，她就愿意跟我约会。

她之所以赴约，也许只是寂寞，再或者想出来遛个弯儿。

就像当时我在操场送给她那首歌之后，问了她那句"我想成为你的男朋友，你愿意吗"，她只是点点头，并没有说出那三个字"我愿意"。

她点头的动作，也许只是因为感动，再或者是蒙了吧。

看来，一切的错，都是我开错了头，我陷入自己设置的良辰美景中，后来方知那只是海市蜃楼。

前几天坐公交车，看到前排的一个女生也留着波波头，穿着白衬衫，白色的帆布鞋，符合一切美好的词汇。

看着她，我出了神儿，我从她的身上看到了绒绒的脸，像极了当年的绒绒，太匆匆。

5

大四的后半程,绒绒几乎就没有在学校里了。

我听师姐说由于绒绒的好人缘和之前的学习成绩,再加上大四本来就只有笔译和口译两门课,还有实习任务,所以各科老师哪怕在课堂上没有见到绒绒,也都没有为难她。

甚至口译课老师直接给绒绒打电话:"尽管绒绒你没有来上课,但你大三的口译成绩就能达到85分左右了,所以,虽然你都没有参加考试,但我依然愿意给你打65分。不过,真的查下来,我恐怕就犯错误了。怎么样,咱俩赌一把?"

绒绒还没有毕业,我还只是个大三的学生,突然有一天,我从朋友圈里看到她的一条状态:

盼望,一周以后的婚礼。

留言下面贴上了她和一个男孩子的照片。

我第一次跟绒绒说话时的那声响雷,又一次响在了我的脑壳里。

绒绒要结婚?和照片上的那个男的?

天热了,我们本来想要一个棒棒冰的,但是超市老板摊摊手告诉我没有棒棒冰只有老冰棍,后来,每次去超市我只要老冰棍。

人的感情是很奇妙的,有时候也像极了曾经我想吃的棒棒冰和现在我习惯了的老冰棍。

我问自己,你到底有多么爱绒绒?

也还好,只是当每次走到井盖的时候,我的心里会有个小人告诉我,千万别踩,因为打你的那个人消失了。每次吃排骨,就会不自觉想起她的那句"陈奇,我不希望你太排骨了,没有手感的",可是我已经有了腹肌了,手感好了很多,绒绒,你在哪里?

也许并非多么爱,但我心里是在乎的。

绒绒就是我心里的那根老冰棍。

我还是决定去看她,不管能不能见到,不管我的目的是什么,我都要见绒绒一面。

我跟绒绒所在的J城的地理距离是1248千米,我们的思念有多少,我压根就没想过计算。

也许我爱你,也许我没那么爱你,我找不到答案,便把"我爱你"这三个字吞在了肚子里。

到了J城,已经是晚上十点半了。

绒绒站在火车站出口等我,穿着一身黄色的裙子,手里拿着一份我最爱吃的排骨土豆饭,还冒着热气。

我们俩沿着我并不熟悉的一条路,走呀走呀,也几乎不说话。

等我觉得双腿像灌满了铅一样,看看表,十二点四十分。

"把排骨土豆饭吃了吧?"

"我不饿。"

"我拿着累。"绒绒笑了。

"那你还回家吗?"

"咱俩找个地方吧。"绒绒说话的声音非常小,也许是累,也许是困。

当然绒绒规划过我们的婚礼,她希望不搞什么隆重的仪式,双方老人吃个便饭，我们可以去地中海旅行结婚。

后来，我们就真的在一家快捷酒店找到了据说是地中海风格的一个房间。

到了房间才知道，除了房间号的旁边，写了"地中海"三个字，并无其他。

我们躺在床上，所有的累和困，都化成了一种摧枯拉朽的力量。

6

第二天，当我醒来的时候，绒绒已经离开了，而我睡得太沉，居然完全没有察觉到她的离开。

之前我看电影和小说时，遇到类似的情节，我都会鄙视，另外一个人的离开，你怎么可能毫无知觉？

现在，我终于信了。

我下床去洗手间撒尿，照了一眼镜子，一副渣男的嘴脸。

悄无声息告别，是最好的告别方式。

我甚至后悔我的莽撞，我本不该打扰她的生活，好像就是我把这一切都搞砸了。

毕竟，一周之后，她就要结婚了。

我把手机里存着的一切有关她的联系方式都删除了，微信也屏蔽了，不知道为什么，我总觉得自己是被甩了，甚至因此而有深深的自卑。

后来，我周围很多哥们都跟我说过，他们当中的很多人也经历过如同仪式般庄重而肆意的性。

就像那首经典的《漩涡》，音乐会上，穿着一件白色条纹衬衫的男歌手,摇着一支玫瑰上了台,穿着直筒牛仔裤的女歌手抱着一个公仔,后来男歌手揽着女歌手一起唱,摇晃,两个人贴面亲吻。

来沉没在我的深处吧

埋在爱情下

世界快要变作碎花

来接我吧

趁这结尾叹口气吧

原谅我们吧

答应送我最美那朵水花可以吗

来拥抱着我形成漩涡

卷起那热吻背后万尺风波

将你连同人间浸没

我爱你亦是那么多

这一对男女,为什么恋情见不得光?歌词里没有讲,但是两个人过了今晚,就没有了明天。

对于男人而言,这是一场"红颜祸水";对于女人而言,这是"贪欢惹的祸"。

7

我和绒绒分手已经将近三年了。

她的毕业证都是快递回去的,也就意味着,她再也没有回来过我们的城市。

他们说,我知道你会来,所以我一直在等。只是,如今我孤军奋战在我的人生,你却消失不见了。假设,你看到我狼狈不堪的现在,会不会心疼?

放弃与成全,不过是此岸与彼岸。

朋友圈里,我看到我的一个师姐发了绒绒婚礼的照片,并且附送了一句话:"你最终会和命中注定的人在一起。"

看到"命中注定"四个字,我是有些火大的。

绒绒旁边的那个男人目测比我是高了一点,可是头顶基本已经有了地中海的雏形,说不定肾虚得要命,还"命中注定"呢。更何况,喜欢地中海,跟"地中海"式的发型,这两码事吧,就像你喜欢香港不能因此而找一个香港脚的男人吧。

当然,我没有把更多注意力放在那个男人身上,因为,我马上陷入了沉思:难道绒绒是二婚?

马上呸呸呸,是的,我们虽然没有在一起,但我依然希望她幸福,我希望她能过上自己梦里最想过的生活,而且长梦不醒。

我们最无法阻止的,便是人生中的告别了。

也许告别以后,我们一辈子都不会再见面,但请记住:缘起缘灭,就在一念之间。

一念起,山高路遥,水干马死,你也会奔他而来。

我没有忍住,还是拨了那个很久都没有拨过的电话号码。

我一直记着这个号码,而绒绒居然也一直没有换。

"绒绒,是我。"

"哈哈，陈奇师弟。"

"陈奇师弟"，你看，一个称呼就无情地将你推到了外太空。

我懒得跟她纠结，直接切入主题："你不是早就结婚了吗？"

"你等会，我现在不方便，一会儿跟你说。"

果然，一分钟之后，我收到了绒绒的短信："陈奇，三年前，婚礼当天我反悔啦，我逃婚啦。"

"逃婚？我靠。你怎么没跟我说？"

"我说了，可是微信没有发出去，因为你把我加入黑名单了。"

"我当时不想干扰你的生活。"我说。

"可是我不知道你什么意思。"

"你也没问我。"

"可是，你也没有问过我。"绒绒笑着跟我说，眼睛里却充盈着一圈泪。

直觉是个很可怕的东西，它会引导你一路向前，却又不告诉你，方向是对还是错。

当时年少春衫薄，骑马倚斜桥，满楼红袖招。

一个打死不说，一个糊涂到底。

最终，我和绒绒亲手把我们的爱情埋葬了，也可能，我们的爱，压根就没有我们想象之中那么深。

我还是收到了绒绒给我发的截图，那是她的日记。

"昨天晚上回去继续做了一篇英语完形填空、两篇英语阅读，睡前还听了周杰伦的《星晴》，给陈奇发了信息。睡得特别踏实，第二天起得特别早。"

"牵手的时候,陈奇总是握住我前面四个指头,我问为什么,他说因为你冬天手指很冰。爱一个人,身体比心会更快做出反应。陈奇,我爱你。"

"我不知道我的妈妈能撑到什么时候,我想陈奇未必能够承受一个无爹无妈的绒绒。今晚陈奇没有打来电话,也许他想放弃了。"

"我做了一个太过疯狂的决定,这就好比一场战役,我已经亮出了白旗,这次我真的要逃了。"

我很少哭,小学一年级被一个老师骂是花岗岩脑袋我没有哭,连续三个月写不出一首完整的歌我没有哭,在大学挂过一次科被辅导员挖苦我没哭,那一刻,看着手机上的截屏,"吧嗒"一声,眼泪砸在了手机屏幕上。

每一场几乎隐没的爱情里,我们都有机会转败为胜。

很多时候,是我们否定了自己,也否定了对方。

只是这一切,都不复归来。

8

陈奇给我讲完这个故事之后,几次打电话问我:"喂,新哥,我和绒绒的故事,你有没有写下来?"

我给他看了初稿,告诉他我想取一个题目叫《你若爱我,我便爱你更多》。

陈奇说这个题目好,我要用这个题目再补一句"我若爱你,我便赴汤蹈火",这两句刚好就可以组成一段歌词。

两天后,陈奇又打来了电话,唱给我听。

你若爱我，我便爱你更多。
我若爱你，我便赴汤蹈火。

我说："陈奇，这是你唱过的最好听的一首歌。"
陈奇说："新哥，我唱的不是歌，这是我过往的人生。"

经常有人说，小新老师，听了你的节目，或者看了你写的文章，泪流满面，你的节目做得真好，你写的文章真动人。事实上，让你鼻子一酸的，从来不是什么节目或者文字，而是与你丝丝入扣般相合的经历。

那些憋在心里的委屈，想说却不能说的心酸，本就是曲中之意。

最大的悲哀莫过于长大，从此，笑不再纯粹，哭不再彻底，连叹息都不敢出声。

有些人坐飞机就能见到，有些人需要坐时光机才能匆匆瞥一眼，珍惜眼前人，心中无黄昏。

愿我们终将所有的遗憾都释怀，愿有人替我去弥补你的缺憾，愿我们以后都不必再经历错过，愿山高水远的我们还能再笑着见面。

天下万物的来和去，都有他的时间。只是，下一个人，下一次。不论怎样，都学会着珍惜和挽留，哪怕只有一下，哪怕只有一次。

第四章

成为自己的光，照亮未来的路

这世界分明很酷

1

校长总是别人家的好。

2019年的开学日,沈阳工学院正在举行新生军训会演暨开学典礼,没承想,天降大雨。

台下所有的新生都在等待校长李康举的致辞,我猜想他们当中肯定有学生的心里恨恨的。

有些微秃的李校长双手撑在了演讲台上,开口便很洪亮:"亲爱的同学们,大家好。以人为本就是讲任何形式都需要服从实际需要,所以说今天请允许我,不按照事先准备的讲稿去讲了。"

说完这句话,李校长便真的把演讲稿扔到了身后,台下的学生都在鼓掌。

李校长开始了自己的即兴演讲:

我今天一共就讲四句话。

第一句话就是,我代表全体师生员工对2019级新同学,表示热烈的欢迎。

第二句，我希望各位新同学在大学这几年里，规划好自己的人生，学习好、生活好。

第三句话就是，我向大家保证，我和我的管理团队一定要用自己的全部心血，去为大家的成功保驾护航。

第四句也是最后一句，希望我们大家共同努力，共筑沈工梦、中国梦。

这并非一所多么有名的大学，可如果我是这所大学的新生，迎接来的第一个礼物便是校长的这番演讲，我觉得我会爱上这位很酷的校长的。

后来在接受记者采访时，李校长说，他精心准备了一个讲话稿，提前一两周就润色好了，有两千多字，正常讲起来得大概十分钟，当时要不是下雨的话，他肯定会把讲话按照正常的形式讲完。

没想到，自己会因为这样的一番操作而成了网红。

这肯定不是一个校长的初衷嘛。

2

很难想象，看脸永远都在长青春痘永远都处在青春期的高晓松，早就跨过了自己的 50 岁了。

为了纪念自己的 50 岁生日，高老师还专门写了几行文字：如果有来生，来生年纪轻轻又回来，我还是想回到这个江湖。我活到了 50 岁，看过了许多行业，也亲身参与不少，我觉得可能这世上没有比我们这个江湖更好的地方，尽管很多人不喜欢，但我来生还会再来。

就像一个拥有绝世武功的扫地僧，活成了"老顽童"。

高晓松就是很多男生最喜欢的"哥们"的类型，自己不敢去做的事情，都有这个"哥们"偷偷帮你做过了。

有这样一个"哥们"，就可以拿来吹嘘一番，仿佛自己也成了那个牛哄哄的人了。

尽管这个"哥们"顶着大油头，皮肤堪比月球表面，还热衷在微博发些奇奇怪怪的自拍照。

好看的容颜会渐渐老去，有趣的灵魂却会越来越迷人。

活得如此任性和骄傲，也写得一手好情诗，拥有了"诗和远方"，却自认资质平平，常常迷茫，也不够自信。

有记者曾经问高晓松，20多岁的年轻人最不该缺的是什么？

高晓松回答说：

20多岁的年轻人最不该缺的就是年轻。年轻时像一个中年人一样生活，那你以后干什么？以后你有漫长的岁月像一个大人一样生活，那样的生活漫长无尽头。年少就该轻狂、就该挥霍、就该不靠谱，就该每五年回头想起来自己说过的话、做过的事，就想抽自己。未来你有很多年可以很成熟，年轻的时候就该让自己年轻。最终每个人都会经过漫长的挣扎，被生活打败。生活也绝不会因为你少年老成，就饶了你。你无论怎样度过你的青春，都会步入大家一样的中年，最后一样被打败。所以你和别人不同的时候，只有你20多岁年纪的时候。

3

夜里，已经过了 12 点，手机亮了。

"小新，你是不是属狗，水瓶座？"我有点蒙，发来信息的，是我的前辈，绝对的阿姨级别的主持人，早已经过了看上去很美的年龄，却看上去依然很美。

"是呀，我属狗，2 月 17 日生日，水瓶座，呀，老了老了，快 40 岁了。"

在我还是个 20 岁出头的小伙子时，对主持人这个需要阅历的行当是没有自信的，所以当别人问到年龄，我总是糊弄过去，或者干脆回答马上 30 岁了。而 40 岁成为自己抬头即能望见的年龄时，甭提多忐忑了。

"你还年轻，我这都 50 岁了。"

我不知道怎么回复，是该说"不不不，你人老心不老"还是说"您看着可真不像"。

正在犹豫中，对方的信息又跳了出来："我男朋友跟你一样大，属狗，水瓶座。"

额，so cool。

我一直都是个没那么酷的人，比如：

我是有些怂的，漫长的青春期里，似乎从来没有忤逆过父母，年过 30 岁之后，反而经常做出让父母咋舌的事情来；

我是有些怂的，在我工作的场合里，时常都会出现机会主义者，资质很差却不知为何成了"领导"，我很少正面反抗，最多是消失不见或装听不见。

总期待着能够洋洋洒洒写出一篇旷世奇文，可是兜兜转转，虽然出了几本书，也只能算是平庸的文字的罗列，表达了平庸的价值观。去年的春节假期，因为疫情，我在老家的县城里待了足足两周，我真的爱上那个小县城了，甚至规划搬回到这里工作和生活，可终究作罢。

你看，我终究没那么酷，我们终究不敢那么酷。

鲍利斯·帕斯捷尔纳克说："人不是活一辈子，不是活几年几月几天，而是活那么几个瞬间。"

4

说到"中国逻辑学第一人"金岳霖，大多数人会想起他那段苦恋林徽因的经历，也因此一生未娶。

1931年，林徽因病重。

已经跟陆小曼结了婚的徐志摩，为了避嫌，看望林徽因时带上了留学时的好友金岳霖。在此之后，金岳霖就成了林徽因家中的"座上宾"。

虽然对林徽因有意，金岳霖却始终觉得林徽因跟梁思成才是天造地设。

他说："比较起来，林徽因思想活跃，主意多，但构思画图，梁思成是高手。他画线，不看尺度，一分一毫不差，林徽因没那本事。他们俩的结合，结合得好，这也是不容易的！"

关系近了后，金岳霖索性搬家跟林徽因和梁思成住在一起了——梁林夫妇住在前院，金岳霖住在后院，除了早饭在自己家吃外，金岳霖的中饭和晚饭都跟前院的梁家一起吃。

有一天，林徽因实在忍住不了，向梁思成坦白："我苦恼极了，我同时爱上了两个人，怎么办？"

这句话哪怕放到现在，对很多家庭而言，也是个巨型炸弹。

深思了一夜之后，梁思成对林徽因说："你是自由的，如果你选择金岳霖，我将祝福你们永远幸福！"

第二天，林徽因又去问金岳霖，并且转述了梁思成的原话。

金岳霖回应说："看来思成是真的爱你的，我不能去伤害一个真正爱你的人，我应该退出。"

"梁上君子，林下美人"，这是金岳霖对他们的赞美。

时过多年后，梁思成回忆说："一种无法形容的痛苦紧紧地抓住了我，我感到血液也凝固了，连呼吸都困难。但我感谢徽因，她没有把我当一个傻丈夫，她对我是坦白和信任的。"

林徽因和梁思成的儿子梁从诫，亲密地喊金岳霖为"金爸"。

林徽因死后多年，有一天，金岳霖在北京饭店请客，老朋友收到通知，都纳闷，老金为什么请客？

开席前，金岳霖举起酒杯，平静地说："今天，是徽因的生日。"

金岳霖平生的两大爱好是养鸡和斗蛐蛐，他常会带着公鸡出去溜达，吃饭时，公鸡伸脖啄食，他也不阻拦。

他永远穿一身笔挺西装，还常年戴着一顶呢帽，帽檐压得极低，面对着新一届的学生，他的第一句话总是："我的眼睛有毛病，不能摘帽子，并不是对你们不尊重，请原谅。"

他从不课前点名检查哪些学生没来上课,他的理由是:"想来的自然会来,难不成还要去绑着他们上课吗?我不做如此无用的事情。"

多怪的一个人呐。

5

有几段问答,是我每次看到都会偷着乐的。

问:21岁没谈恋爱,会孤独终老吗?
答:到51岁再来问。

问:本人爱好美食,会做美食,请问如何成为比您还优秀的美食家?
答:先要活得老过我。

问:先生您好,我男友多次说而不做,我却依旧沉迷于他,该如何是好?
答:孽。

问:爱是一种能力吗?我会失去吗?
答:先拥有。

这段回答,提问的是不知道姓甚名谁的网友,回答的是"香江四大才子"之一的蔡澜先生。

四大才子都在世的时候,就有人诟病蔡先生,金庸先生开创了武侠江湖，黄霑老怪是粤语流行音乐词曲集大成者，倪匡的卫斯理系列堪称华文科幻小说鼻祖，而说到蔡澜，不过是吃吃喝喝享清福。

后来，黄霑和金庸两位先生皆已过世，倪匡先生也已隐退江湖。

只有蔡澜先生，还在吃，还在喝，还在玩，还在出书，还在抽烟，还在喝酒，还在旅行，还在做节目，还在刷微博，还在论人生……

甚至有网友讥讽他年纪一大把了，还在利用名气赚钱，他依然我行我素。

主持人陈鲁豫去香港采访蔡澜先生，在九龙城街市楼上的食档吃早餐，蔡澜先生打开了一瓶烈酒。

鲁豫很惊讶，问道："大早上就喝酒？"

蔡澜先生哈哈一笑，纠正陈鲁豫说："现在巴黎是晚上啊。"

6

很多年前，第一次见到蔡康永，很官方的微笑，走路有些忸怩，因为是第一次跟内地的电视节目合作，融入得不算很自然，可他总有属于自己的一套话语体系。

直到多年之后，不得不叹服：这实在是一位高手，是个情商颇高的世外高人。

他拍过电影，上过综艺，做过制作人，也曾经涕泪横流地表露"我们不是妖怪"，但他说人最重要的是，做回真正的自己。

就这样一个以情商高著称的主持人，却也被搭档小S如此吐槽："他从不参加别人的婚礼，不送生日祝福、节日祝福，从来不过生日、春节、圣诞节，遇到不想回答或不想相处的人就赶紧找空隙溜走……"

常人眼中"场面话"，于蔡康永而言，是一种敷衍。

"其实我鼓励大家做一个比较冷淡的人，我不认为过于温暖是一个跟别人维持良好关系的好的立场，如果被温暖两个字绑住，就更吃力。"

周围人过生日的时候，他也不祝别人生日快乐，什么都不说。

蔡康永习惯随身带一本书，这本书除了可以被阅读之外，还有一个神奇的功用是赶走别人无休止和无界限的打扰。

有人不识趣，非要凑过来跟蔡康永交谈时，他会礼貌地说："不好意思，我不能陪你聊了，我想把书看完。"

可是，众所周知，大家还是喜欢他，不管是老朋友还是新朋友。

没办法，因为他真的 so cool。

生活，
从来都不是一道判断题

1

很多年轻人都跟我表达过对姜思达的喜欢，说他是有颜值也有"言值"的人。

网上有很多姜思达的语录：

我在生活当中见识到了太多的真实，我在生活当中学会争取更多的尊严，但是偏偏在爱情里面，我要做一头不被叫醒的沉睡的猪。

人生很吊诡的那个地方，在于你往往很动心的那个时刻，都是在你还没准备好的时候遇到。当你准备好一切却很难找回当初动心的那个瞬间了。

动物之间所有的亲情都靠血缘，而人类之间的亲情，还有可能是恩义。

姜思达做过很温暖的一件事，就是发起了一个活动——"跟HIV

携带者吃饭"。

起因是他看到一则新闻,某校长安排高考考场时,把HIV携带者考生和其他考生隔离开。

"说起HIV携带者,所有人都说和他们正常接触没什么问题,但还是很怕。还有人说,虽然我很尊重他们,但我有孩子的话,一定不让他们在一起玩。"

姜思达回忆,"我特别生气"。

有人知道了这个活动,问他:"你有什么想不开的?"

你看,总有人把HIV携带者妖魔化了,仿佛跟他们吃了饭,自己就会被感染了,或者需要用崩溃者的经历和心态来挽救自己的崩溃。

他说这一次自己不想充当记者去做深度访谈和调查,他希望自己能浸透地参与进去,就是闲聊,不带有任何设定和节奏,想到哪里就聊到哪里。

2

吃过这餐饭之后,姜思达写了一篇文章,全是文字,没有照片。

他原本以为HIV携带者是脆弱的,他们需要帮助,但没想到,这些人最大的心愿只是平静,平静地吃饭,平静地散步,平静地交朋友,平静地生活。

"这是一顿平静的饭,这顿饭,和其他任何一顿饭,真的没有什么两样。"

他依然做了很多普及:

隐私只是表象，隐私之所以成为难言之隐，其根源仍在于社会的恐慌。一个艾滋病感染者，很有可能被拒绝上岗，很有可能失去朋友，很有可能在学校、社区、工作环境中遭受各种非议、诽谤和排挤。

你可以在数据中发现同性恋中HIV携带比例确实比较高，但你不能因此认为"同性恋是艾滋病传播主体"，这是相对比例和绝对比例的差异；也不能轻易地表达"同性恋是艾滋病高危人群"——这种传播极易带来污名化的误导。

我们早已进入艾滋病知识普及的时代，我们更应该注意的是，如何在普及中恰当地、有节制地传达。不应该有哪个人是高危的，只应该有哪个行为是高危的。

不只是姜思达，很多普通人，他可能是在银行柜台每天要重复同一个动作几千次的职员，也可能是一个风风火火的外卖小哥，或者是深夜载你一程的出租车司机，但是也并不妨碍他们内心深处对特殊群体的尊重和支持。

尽管，我们并没有大张旗鼓地去表明我们的态度和关心。

绝大多数人，都是庸常之人，我们没有旷世奇才，也很难成就一番伟业，但是能够捉迷藏一样地去爱和在意几个人，也弥足珍贵。

生活，永远都是选择题，别人不能当作判断题来打钩或者打叉。

3

深夜电台节目的功能之一，就是提供了一个"树洞"。

节目里，有一个女孩发信息给我："小新，你还记得我吗？我是莫离,当年我去电台找过你,我和她很相爱,但总是怕别人的眼光,我们有未来吗?"

莫离,我想起了她。

几年前的一个中午,台里的保安小哥给办公室打电话,说有一个女孩想见我。

下楼接她,艳阳高照,但却吹着很硬很冷的风,直接撞到脸上,大写的疼。

莫离长得清瘦,脸色有点灰扑扑的,化着淡妆,留着过肩的长发,见到我,也不笑,跟我说:"终于见到你了。"

她手里提溜着一大袋子苹果,就在头一天晚上,我在节目里念叨我最爱吃的水果就是最普通最平常的苹果了。

多年以来,我的电台节目一直在晚间。

这个时间的办公室里,永远很安静,莫离坐在我对面,不说话,眼珠子骨碌碌地转,眼窝里全写着好奇。

"咋,见到我失望了?"

"没有没有,我就是想看看你,很好奇话筒里说话那个人到底是什么样子的。"

"就是动物园里看猴子呗。"我揶揄了一句。

"新哥,我叫莫离,可能过一段时间就会离开济南了,挺舍不得你和你的节目的。"

DJ做得久了,会对很多话脱敏,偶尔收到"小新,我要给你生猴子",

也可以做到面不改色。

莫离念叨着跟宿舍的小姐妹关系都很好，可惜马上就要毕业离开学校了，她知道那样单纯的时光不会再来。她说在社会上认识了一个"不淑"的男人，上个月刚刚流产，气色不好，但是她也不后悔。

"后悔或者不后悔，你现在说了不算。反正你流过的泪，可都是当时脑子里进的水。"我的回复也是丝毫不客气。

莫离抿着嘴，叹了口气，垂下了脑袋，一缕头发顺着垂下来，很沮丧的样子。

"反正不管什么时候，保护好自己。"

她抬起头，盯着我的眼睛，看着我故作严肃的表情，又咧着嘴笑。

去楼下送她。

"新哥，抱一下我吧。"

莫离的身体略有一些抖，嗯，虽然艳阳高照，但还是太冷了。

4

几年的时间里，我和莫离交集一片空白，几年之后，她发信息跟我说"我和她很相爱"。

我先是一愣，几年前的那场谈话里，她到底有没有提过她的男朋友？

还是说，几年间发生的某一场变故，让她决心从头开始，或者彻底改变了人生的选择。

我很喜欢一部韩国电影《假面》。

少女系男生李尹西和后来成为警察的赵京尹少年时代就是好朋友，这种关系到中学时代就变得微妙起来，两个人喜欢上了彼此，但是传统的京尹无法面对众人的指指点点。

后来，尹西变性为漂亮的女生小苏，和完全不知情的京尹谈起了恋爱。

尹西的一生，都在以自己的方式默默地向京尹靠近。而京尹却完全不知情。

当痴心不改的尹西身份被揭穿时，京尹哽咽着说了一句"以后，不要再爱，这是耻辱……"

尹西也不客气地回了一句："你认为，爱也是一种耻辱吗？"

爱情里，时常会出现一个不对等的原则：一方比另一方忐忑，一方比另一方坚定，一方比另一方更爱。

对方向你的每一步靠近，看似轻而易举，却需要太大的勇气。

而这一切的忐忑、坚定和勇气，都默不作声。

故事的最后，京尹带着杀了人的尹西一起逃逸。后有警察围追堵截，前有断桥无路可走，京尹带着尹西一起跳进江里……

有时候，人是因为无从选择，而走上了一条无比正确的路。

只要是爱，就值得尊重。

人生本就是一场假面舞会，有些假面为了生存，有些假面为了世俗，还有些假面只是为了争取爱。

不知道能否得到，争取一下也是好的嘛。

我不知道在我讲这部电影时，莫离是否还一如既往在听我的节目，听过之后，她是否会更加坚定自己的爱。

还是说，她已经不需要一档广播节目的陪伴了。

之后，我没有再收到过她的信息。

5

我之前做过一个短视频账号，编导会将用户的问题集中起来，我在 word 中回答后，再由她以我的名义回复给用户。

有一个深夜，收到了她收集来的几十个问题，她特别圈出了其中一个问题，说，新哥，这个问题你认真回答一下，是你的一个忠实的粉丝问的。

问题很简单：小新老师，我老公出去嫖娼了好几次，你说我该怎么办？我该离婚吗？

我回复：

婚姻内男性不止一次嫖娼，极其不负责任，也很容易使对方有强烈的自卑感。建议深聊一次，如果他仍旧再犯，倘若你的经济条件尚可，那我建议坚决离婚。

很快，对方的问题又来了——

小新老师，我是 28 岁那年跟他结婚的，当时的心理压力太大，走在路上会觉得别人都在指指点点，说这么大年龄的女孩子还不结婚，要么心理有问题，要么生理有问题。可是两个人真的没有感情基础，这可能也是他出去嫖娼的理由吧。

曾经有媒体介绍我为"情感导师"，我倒觉得很多科学门类里导师是掌握着真理的，唯独情感，哪怕看过太多分分合合的所谓导师，也仅仅只是"建议"。

通过只言片语，我们所了解的未必是全貌，我们所信奉的原则也未必适合出现同类问题的每一个家庭。

我既不同意"宁拆一座庙，不毁一桩婚"，也不赞同"婚姻完全是一个人的自由选择"，在你选择了婚姻的同时，本身就选择了束缚和羁绊。

一个月后，我的编导跟我说：新哥，问你那个问题的忠实粉丝就是我，我离婚了。

我从来没有听到过编导讲过自己的情感，只是知道两个人是经人介绍后相亲认识的，婚后不久就有了孩子，看上去就是普通家庭，普通夫妻的样子。

我轻轻拍了拍她的头，却一句话都说不出来。

6

在做媒体人的这些年里，我一直坚守一点，在信息的洪流和飞沫中，基于专业的信条、抱负、伦理和能力，给出靠近真相和真理的确定性。

只是，生活在太多时候呈现在我们面前的，并非判断题。

对我而言，永远不要忘了自己当时为什么要成为一个媒体人。做媒体，是为了真相的抵达，是为了让没有机会发声的人不沉默，是为了让这个世界变得更清晰更良善。

我做了很多年的新闻评论员，当我成为真正的倾听者而非评判者，进入一个个新闻事件的中心，接触到一个个活生生的人时，才恍然大悟，我以为自己看到的真相，往往只是一个结果。

真相是由太多个关节、卡口连接而成，就像一个"榫"，事件与事件彼此相嵌，人物与人物彼此相嵌。

慢慢去接近，而谨慎地去下一个结论。

每个人都是生活在缝隙中的，各种困难和抉择犬牙交错，不要轻易对他人的选择指指点点，更不要轻易放弃和逃避。

对别人的选择口下留情，充分尊重而不妄下论断；对于自己的选择，再坚持一会儿，你会发现人生不一定只是单选题，你可以选择更多。

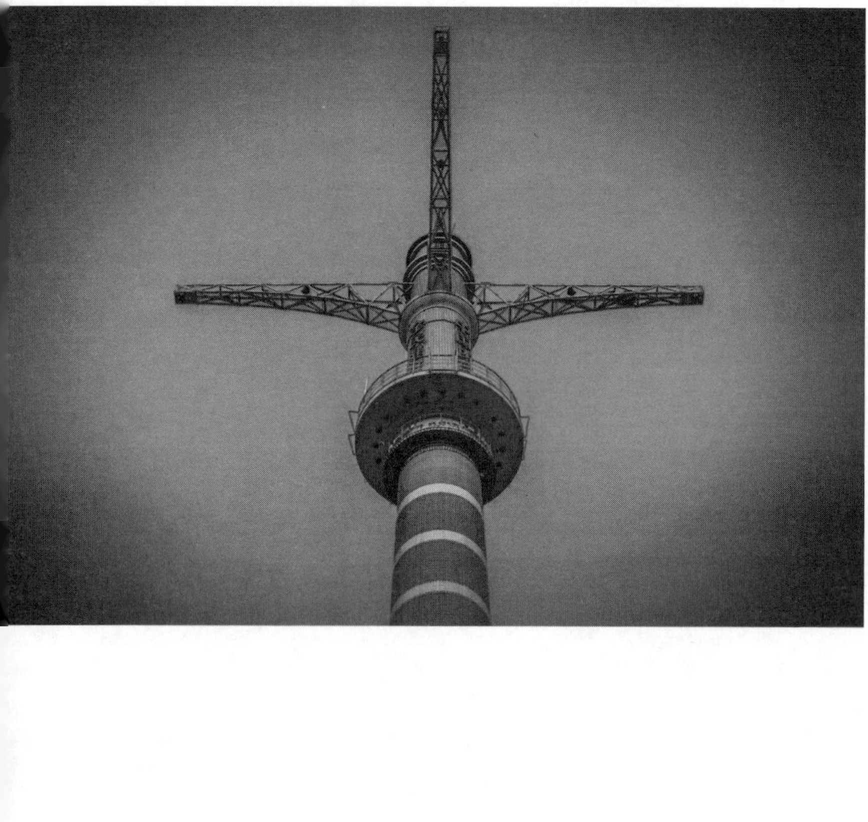

不知道什么是最好的选择，
但至少可以选择善良

1

大三那年，小美的妈妈因为癌症去世了。

至亲去世之初，你是无法用经验去消解死亡的，甚至搞不太懂不知道死亡意味着什么——不知道是意味着失去，还是意味着珍惜——尽管你读了那么多年书、听了那么多道理。

死亡带给一个人的痛，往往不是即刻发生的，而是当死亡这个结果发生之后的若干天、若干年之后，你发现自己的幸福无人分享，自己的忧愁无人排解，你成了一个没有枝蔓缠绕的"果子"，空落落的。

妈妈的去世，在小美心里，就是一场噩梦。

清晨小鸟起身开始欢快鸣唱的时候，再揪心的噩梦也得醒过来。

小时候的小美有一个心愿，有一天自己工作了能赚到钱了，就给妈妈买最好看的衣服。

妈妈是那么爱美的一个女人，却总是表达着各种的"我不配"：女儿上大学了，花钱的地方多着呢；女儿将来要出嫁，我得给女儿攒嫁妆钱；女儿会生一个多么可爱的宝宝，姥姥要提前攒好压岁钱……

还没有等到赚钱的那一天，妈妈离开了，带走了小美的心愿，也带走了小美的安全感。

到公司的第一天，小美就被领导逼着陪客户喝酒。

小美找了个空，躲到了卫生间，她蜷缩着身体蹲在马桶上，找不到可以诉说的人，她就用手机拨打了妈妈生前的手机号码。

当电话接起来的时候，她又马上挂掉了。

她知道，那个号码应该早就换了主人，毕竟妈妈去世都两年了。

她觉得有些莽撞，又有些愧疚，随意侵扰别人的生活，本就不该是一种理所当然。

她意识到自己行为的不妥，马上给这个号码发了短信息，说明了自己的情况，并表示歉意。

小美反复看着手机屏幕，而对方一直没有回复。

虽失落，但小美心里的石头也终于落了地，说不定妈妈真的收到了，只是在忙没有回复。

呵，怎么可能？

妈妈已经去世两年了，这是事实。

有那么多的错误，用橡皮擦可以擦掉，而这一次，用再多的橡皮擦，都没有办法更改或者重来一次。

2

明天，小美就要成为一个美丽的新娘了。

准确地说，是明天中午，小美就要站在婚礼的舞台上，对着自己所爱的男人说："Yes，I do。"

她曾经幻想过自己穿着婚纱的样子，她曾经的梦想是爸爸妈妈一起把她的手交到新郎的手中。

爸爸妈妈坐在观礼席，有期待，还有一些紧张，忍不住泪眼婆娑。

而那个男孩子之所以打动她，不是因为别的，只是因为在讲起妈妈的时候，男孩子的眼睛湿润了。

一个能够感同身受的男孩子，是不会差劲到哪里的。

小美想起曾经和妈妈的一段对话：

小美问病床上的妈妈："妈，你觉得最快乐的事情是什么？"

妈妈摸着小美的脑袋，说："女儿，你快乐我就快乐。"

那个语调轻柔到让小美听完就困意袭来，觉得可以在这样的语调中好好睡上一觉。

凌晨三点钟，小美依然睡不着。

小美的左手端着手机，右手不停地在手机的按键上摩挲。

她按下心中所有的愧疚和歉意，忍不住又给那个号码发了一条短信息，说："妈，明天我就要结婚了。"

她有点恨自己的莽撞，怎么就这么冲动呢？短信息又不是微信，没有办法撤回信息，真是对不住对方。

没想到，这次她很快收到了回复的短信。

短信里写着："孩子，我在天上看着，你会幸福的。乖，早点睡。"

看到短信的那一瞬间，小美全身的汗毛都竖起来了，仿佛在列队欢迎，或者是在等待接受检阅，每一根都精神抖擞不甘落后。

整个脑袋是从来都没有过的感受，也不知道是塞了太多东西，还是完全空荡荡。

她终于哭了出来。

说不定，妈妈真的在天上看着。

这个世界的节奏越来越快了，每个人都不舍得把宝贵的时间分给无缘无故的人，更何况是那么珍贵的善意。

他，是谁？或者，她是谁？

为什么凌晨三点钟的他（她）还没有休息，他（她）是不是也有一段断肠的往事。

这个陌生人善意的回复，给了小美最温暖的记忆，也是一份实在的鼓励。

3

二羊跟我一样，都是电台DJ，他从上海跳槽到了县城，很多人都觉得他多少有点"丧心病狂"。

好好的大城市不待，非要去一个小县城，在这里哪怕你做成了"鸡头"也不如做个"凤尾"实惠吧？

上海台的主持人，咦，听上去就已经牛B闪闪发着光了，愿意"下嫁"到小县城，那肯定是混不下去了。

不会有别的原因。

为什么跳槽，这也是二羊在那段时间里被问到最多、却最不想回答的问题，没有之一。

也有朋友为他的跳槽感到忧虑，为他离开那么好的城市和平台感到不值得。

二羊在微信里跟我说："新哥，当我做好选择时就不再想去深究，每一个选择都有它的意义，权衡的因素不仅仅只有一条，人的本性就是趋利避害，我自然也是在综合了各种因素下才做出这样的选择。"

我便也不再多说，话多对他人而言也会是一种矛盾。

每一个有意义的决定，在别人看来，都会是充满着矛盾的。

与其矛盾地纠结来纠结去，不如坚定自己内心的想法，头也不回地走下去。

从各种矛盾的线头中，捋出一条清晰的线来，这就是意义。

二羊做的是晚间节目，一周不到的时间就拥有了一大批粉丝。

昨晚，他提早了些来到导播室，导播阿姨是个热心肠。

那天，刚好是二羊的生日，他在节目里提了一句，导播阿姨便在聊天室里打了几个字给他：二羊，生日快乐，天天快乐，代表我们的听众列队欢迎你。

看到这一行字，二羊差点湿了眼眶。

不是没有人说生日快乐，而是人在异乡，一句有些不相干的祝福，都能暖到心底。

没有人会无缘无故地给予暖意，如果有，就要加倍珍惜。

二羊说，这些年来，经历的这些事情总是让我被动成长，虽然那些意外的提前来临，时常让我感到慌乱无措，但是你看，我们这不还是走过来了吗？

也会有反思：

以前仗着自己拥有大量听众，就恨不能天天"螃蟹走路"，而现在发脾气的次数越来越少，学会了聆听，也学会了适时沉默，不再歇斯底里地争执，更加自如地坦然面对，遇人遇事不再操之过急，不再斤斤计较。

而这一切，都可以称之为——善良。

4

1972年，诺贝尔奖获得者、日本作家川端康成选择了自杀，他的一生经历过无数悲哀和事故，所以决意不留下任何遗言。

但在他自杀后被送去医院的路上，却对司机说了他生命中最后的一句话："路上这么堵，真是辛苦你了。"

这的确是个很有爱的故事，可惜的是，这个故事是杜撰而来的。

事实上，自杀发生在川端康成获得诺贝尔奖之后的第四年，彼时他已经是一位73岁的老人。

被发现时，川端康成躺在地板上，头朝洗脸池，右侧在下，鼻子里插着橡胶氧气管，表情平静，像睡着了一样。

日本警方给出的结论是：从尸斑、瞳孔以及有无皮下出血等方面检查，死者被确认因吸入煤气自杀身亡。

早在1962年，川端康成就说过："自杀而无遗书，是最好不过的了。无言的死，就是无限的活。"

窗外，樱花凋零。

有人说，他是受到了三岛由纪夫自杀的刺激；有人说已得到诺奖的他再无眷恋；还有人说他生病已久，想在意识还算清醒时自主选择自己的归途。

我更喜欢的是川端康成的另一句话，他说：这个世界上的每个人，都会拥有最爱的一次。

5

在湖南，有一辆爱心满满的末班车。

这辆末班车开到怀化三中站时，司机总会多停上几分钟，就为了等高三的学生下晚自习。如果学生们赶不上这班车，他们就没法通过公交车回家了。

起初，有人抱怨甚至粗口，你不着急我们还着急呐，还有人说，凭什么你做好事，我们就得陪着。

司机费了一些口舌解释，大家也就没了先前的怨气。

再后来，常坐这班车的乘客都知道了背后的故事，没有一个人流露出抱怨的情绪，尽管他们当中也有加班加到丧气的白领、着急回家陪孩子的年轻父母、被各种琐事缠身的男人女人，等等。

一个人的善意是本能，一群人的善意是这个世界最朴素的愿望。

高考结束后，一个女孩特意找到了公交车司机，告诉他："叔叔，我考上重点大学了！"

后来，公交公司也做了调整，这趟车的发车时间，永远会为孩子们延迟四分钟。

6

大学，对太多人而言，是价值观"撕裂"的一道分水岭。

大学前，父母千叮咛万嘱咐：千万不可以早恋；大学后，父母有意无意地提醒：你该找个男（女）朋友回家了。

大学前，脑海当中的世界多少还有些童话色彩；大学后，所有人都告诉你：世道艰难人心不古、防人之心不可无。

大学前，老师的说法是"上了大学就轻松了"；大学后，你才恍然大悟，想要做一个优秀的大学生，远远不会轻松。

可是，抛开所有，哪怕被背叛过被伤害过被无情对待过之后，我仍然信奉善良的意义。

古语说，人善被人欺，马善被人骑，可为什么我们还要坚持做一个善良的人？

无他，但求心安。

行走在路上，冲着路标出发，总是没错的。

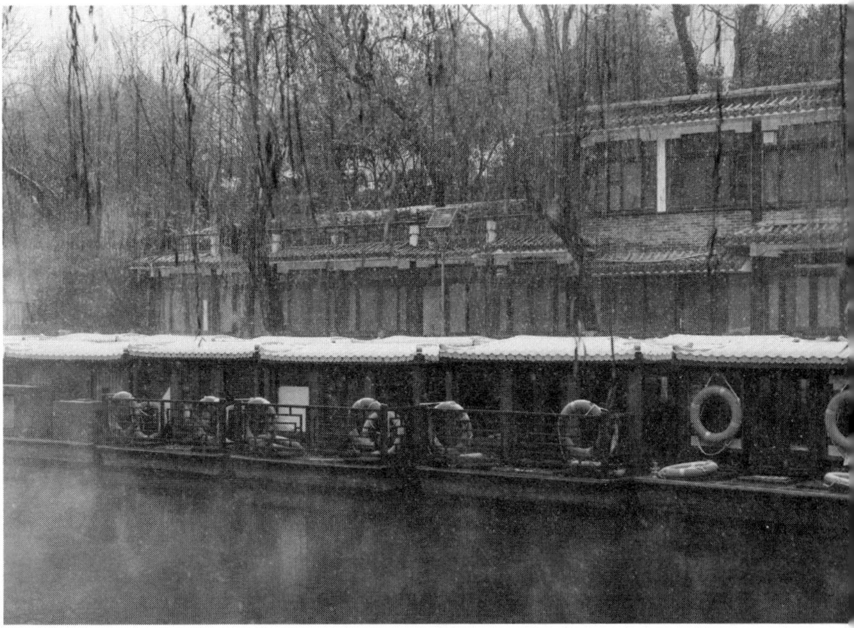

一条河最终流向何方，
没有人知道

1

我跟乔任梁有过一面之缘，他是参加活动的艺人，我是主持活动的主持人。

很瘦，很帅，单眼皮很好看，很好沟通，很和善，所以当他的死讯在社交平台上沸腾时，我的内心无比纠结，但更希望真相尽快浮出水面。

但同时，有很多人在说：贵圈真乱。

每次艺人朋友发生大事件时，就会有人搬出来这四个字，主持人这个群体也会受到牵连。

演员王自健的微博里，有人给他留言：一天不知道要死多少人，这不过死了一个戏子而已，活着娱乐大家，死了继续能让大家娱乐不好吗？

王自健回复了粗口。

戏子，贵圈，很多人会不自觉地画一道线，筑一堵墙，然后给对方加上诸多标签。

有些标签还可以理解为调侃，有些标签则完全是内心卑劣的体现，充满了讥诮，以及深深的恶意。

作为所谓"戏子"当中的一员，我们大多数人，经历了什么——

女生来了大姨妈，还必须按照编导的要求去玩泡在水里的游戏；

刚刚经历了亲人去世，上台时也必须满脸带笑，如果你面无表情，会有人责怪你"耍大牌"；

你很累了很困了，可是还要强打精神，去录像去彩排去商演去给别人灿烂。

有人给我留言：不管我们下辈子沦落到哪里，对疼的感知，是亘古不变的。只要我们是人，对疼的感知，都是一样的。

看到血淋淋的画面，你会起鸡皮疙瘩；看到一位老人在哭泣，你会眼窝潮湿，这就是良善之心。

良善之心，应该是我们人类的本能，而疼痛，本该是刻骨铭心的。

2

2015年秋天，乔任梁参与了《定制幸福》的拍摄。

其间有一天，乔任梁换好了戏服，却静悄悄离开了片场，谁都找不到这位男一号，拍摄只好暂停。

后来，助理发现他躺在片场楼下的公用长椅上睡觉。

乔任梁说了一句话：哥，我太困了，我太想睡一会儿了，太想了。

其实，我们不知道的太多了。

你开始睡不着觉，安眠药从一粒到越吃越多的时候，我们都不知道。

你的失眠越来越严重，药物的副作用让你不断拉肚子而被剧组骂耍大牌，我们都不知道。

在外人看来，你还是那么的活泼、开心，满脸的笑意，其实这是微笑抑郁症，我们都不知道。

有很多人不解，每次看到乔任梁总是坏坏地笑，怎么可能有抑郁症？

有专家在普及知识：微笑抑郁（smiling depression）并不是一种精神疾病的诊断类别——它是一类抑郁症患者对自己病情的反应模式。

"微笑抑郁"者确实有很多抑郁症的症状，会让人感受到焦虑、疲惫与绝望，可能导致失眠，丧失兴趣与性欲，甚至有自杀倾向。

是的，也许你依然不理解，但可能这就是真相。

看不见的伤痛，更伤更痛。

我们都不知道求死者的心态，他们经历了怎样的纠结，他们为亲人朋友思前想后了多久，他们是否想过求助。

也许，他们都想过，但他们还是想死。

3

乔任梁有好多条曾经发过又秒删的微博：

"最近为什么情绪老是失控？毫无逻辑？"

"每天像癌症晚期病人一样活着。"

"想唱歌，哪怕没人听也想，那就不能死。"

"不吃饭不睡觉不离组陪你们干，竟然说我嗑药……贱命一条、陪你们玩。"

每一次都想放肆，每一次都又收住了那匹想要脱缰的马。

倔强又隐忍，就像舞台上的小丑，是给别人带来笑声的，怎么可以自己掉眼泪。

在最难熬的时光里，你仍然习惯性地跟团队成员重复着那句话："我会照顾你们的。"

其实，他才是最需要照顾的那一个。只是，最需要拥抱的人，却拒绝了所有的善意和拥抱，没有人能料想到一个还在上升期的艺人，经历着什么，面对着什么，思考着什么，又抗拒着什么。

我终于知道了一个道理：哪怕是夸张的嬉皮笑脸背后，也可能藏着一颗因为脆弱而千疮百孔的心。

所以，要宽以待人。

很多年前，我曾经采访过自杀未遂者，那个 45 岁的阿姨，哭着握着我的手："小新，他们为什么不让我死？为什么连死都不给我？"

她的指甲几乎嵌入到我的手背上，我一直没动，只是陪着她哭。

后来，她不哭了，她说，当吃下 100 粒安眠药之后，她终于可以享福了。

她觉得自己过的每一天都遭罪，每一刻都度日如年。

4

最近几年经常被拉去做艺考评委，每次都异常忐忑，生怕某一个好苗子因为自己所打的分数，而遗憾出局。

也会有深深的疑惑，我们所使用的考核方式（自备稿件、模拟主持加才艺）真的是挑选主持人最有效的方法吗？

如果一个考生的自备稿件和模拟主持都是优秀的，却没有才艺，那么他（她）的分数一定会低，可是未来的他（她）就无法成为一个足够优秀的主持人了吗？

印象最深的是两个男孩。

男孩甲，170厘米左右的身高，长相很一般，但一开口就能感觉到声音里的温润，不管是自备稿件还是模拟主持，都有模有样，才艺表演他唱了一首林宥嘉的《残酷月光》，唱到最后没有评委舍得喊停。

中途休息时，我旁边的评委说了一句：终于见到一个会唱歌的学生了。

遗憾的是，那所学校本年度只能从山东招收5个学生，以他的条件是肯定无法录取的。

规定所限，我没有办法跟他有私下的交流，但我很想告诉他，我就是一个身高170厘米、长相也很一般的人，但是兜兜转转也做成了主持人，所以不要怕这一程的得失。

还有一个男孩乙，恐怕只能用气宇轩昂四个字来形容，虽然他还只是一个17岁的小少年。

到了模拟主持的环节，他磕磕绊绊，简直很难完整地表达一个句子了。

我身边的评委老师不想放过任何一个好苗子，怕他紧张，说了句："放松，不要紧张……"

可是小少年依然嘴巴里拌着蒜，帅气的一张脸因为紧张而扭曲着。

事后，我跟评委老师做交流：小少年的气质，是可以做一个合格的主播，毕竟，现代社会里有"提词器"的存在。

那个评委老师给了我答案：

可是小新老师，哪怕他做成了主播，也注定走不远。决定一个主播能否走得更远更坚定的，永远都不是一张脸，而是你读过的书和理解过的人生。

一条河，从我们的脚下出发，最终流向何方，没有人知道。

5

我曾经被拉入到一个主持人的群，里面有老中青好几代主持人。

一位老专家当众表达：小新，你的基本功是该练习一下了，主持人的气质是由他的发音、表达、形体所决定的……

我当时有些蒙。

因为就在一个月之前，他给我发了信息：好多年轻人都请我喝酒请我讲课，就你很骄傲吗？你也要多请我喝几顿大酒哇。

请原谅骄傲的我，始终没有回复这条信息。

在我的职业生涯中，出现过多次"救场"，后来导播们习惯说的一句话就是，只要小新在那就不用担心了。

我并非科班出身，如果你看到了镜头下的我一定会失望的：

头发趴成了一坨，身上永远都是黑白灰三种颜色，眼神里也没有光，嘴拙得总让人觉得有些"高冷"。

特别是冬天，我穿着一件硕大的黑色羽绒服，很多同事压根就认不出我，每每我开口讲话，对方会瞪大了眼睛，语气里写满了抱歉，说："不好意思新哥，刚没认出你来。"

我耸耸肩，心想，我还真的很享受舞台上飞扬舞台下黯淡的人生。

刚做主持人，总觉得自己就是舞台的中心，恨不能出门买菜，别人都能围在你身边找你签名，而现在完全不这么想了。

主持人永远都在穿针引线，而不是挤眉弄眼耍聪明，让其他人在舞台上有光彩，这是主持人的使命。

让你的嘉宾在舞台上放松，愿意跟你讲话，而且是掏心窝子讲话，这是好主持人能做到的，就像在很多年的时间里，观众们都很喜欢的小崔，对普通百姓满是微笑、充满善意，对权贵大腕极尽调侃、绵里藏针。

这才是真正的"大腕"。

6

作为记者，见证某个陌生人的生与死，是职业的一部分。

有时候，生与死，不过一刹之间，而过程的离奇和惊悚，又会让人脊背发凉。

那是一起非常普通的凶杀案，发生在某个以外地人居多的小区，住户大多都是临时租住的租客。

死者是一个年轻的女孩，25 岁，大学毕业不久。

被法警从出租屋抬出来的时候，已经面目全非，脸上被砍了数十刀，下体被凶手塞进了一根黄瓜。

案件很快告破，凶手是一个刚满 20 岁的青年，入室抢劫、强奸、行凶杀人。

那是一个智能手机刚刚兴起的年代，男青年通过某款社交软件认识了死者。两颗年轻的心，在炽热的夏夜里，似乎想发生一些什么。于是，悲剧发生了。

原本简单的新闻事件，事实清楚，链条完整，却在采访结束、即将离开案发小区的时候，有了意外的反转。

在事发单元的楼下，围观的人群里，一个 30 多岁的女人怯生生地拉住了我。

从她惊魂未定的眼神中，我感觉似乎另有隐情。

果然，换了一个地方，女人讲起了她的故事。

她的第一句话是："那个死的人，应该是我。"

原来，从社交软件里，这个女人也聊到了凶手。由于丈夫长期在外地出差，意外出现的所谓"异性好友"，给她的生活增添了一抹色彩。

原本那晚两人约定了要见面，后来因为她临时有事，本来约定好的见面被取消了。

于是，悲剧就发生在了另一个女孩身上。

这起案件被报道时，我并没有把隐藏的另一个故事写出来。

后来那个女人怎样了，我不知道，也许，她会很幸福吧。

也许。

7

经典电影"Titanic"中，Jack给Rose画像时说了一句话——"Over on the bed. The couch"（躺在床上，呃，我是说沙发上。）

剧本上的原文应该是"Over on the couch"（躺在沙发上），拍摄时演员莱昂纳多说错了，但是导演卡梅隆非常喜欢这个失误，并将其保留在电影成片中，他认为这个"失误"恰到好处地体现了Jack紧张而局促的心理。

你看，有些失误造就了经典，有些惨剧却因惊喜而发生，生而为人，不完美才是常态。

只是，年轻的你，不应该遇到一点挫折就吼叫着人生皆苦或者生活不公，不应该去到了一个二本学校就对学习失去热望，不应该跟一个不淑之人分手后就放任欲望泛滥。

逆风处，也正是翻盘时。

我很认同"世界著名心理医生"阿德勒曾说过的一句话：

"一段经历、一段创伤，不会是一个人成功或者失败的原因。人们赋予这段经历和伤害的意义，才会决定我们最终的人生走向。"

多么希望这个世界
不需要英雄

这是一个平凡的民警的故事。

看见的多了,听说的多了,你会发现,太多别人口中的"英雄",不过是你隔壁的老王或小王。

只是在诸如出门买菜甚至是送孩子上学的路上的某个时刻,他(她)如同超人附体。

1

2018年12月6日,浙江绍兴。

"吃饭!"

下午5时06分,张勇在五泄派出所的微信群里敲下了这两个字,提醒值班民警该吃饭了,这是他在工作群里发出的最后一句话。

他吃饭的速度一如既往的快。

晚上9时34分,派出所接到报警,杨某称自己在打工的袜厂被打伤。

杨某在这家袜厂打了八年工,贵州人。

那晚，他本是去找老板童某结算工钱的，但刚一开口，童某的态度就极其不友善，甚至开始了辱骂。

很快，双方发生了肢体冲突。

几分钟后，张勇及两位协警赶到现场，了解完情况后，他们打算带老板童某回派出所调查。

童某的情绪异常激动，直接从茶几上抄起了一把水果刀，又一把将张勇推倒在了床上。童某和他的老婆、母亲先后拉扯民警，冲着他们吐口水。

童某企图拿床上的铁锤袭警，被民警夺下，将其戴上手铐，从房间带到了走廊。

此时，张勇突然瘫倒了下来，脸上出现了不正常的灰黑色，紧接着，呼吸困难、全身无力、双手僵直……

记录仪上的画面显示，在明显感觉身体不适的情况下，张勇还用手强撑着桌子摇摇晃晃站起来，努力摸索着寻找嫌疑人使用的刀具，直到失去知觉。

第二天凌晨 1 时 26 分，张勇因心源性猝死经抢救无效牺牲，年仅 37 岁。

这一天，是二十四节气中的大雪。

2

张勇今年 37 岁，老家在山东济南。老婆是一名高速交警，浙江诸暨人，他们的儿子小齐八岁，刚上小学一年级。

夫妻两人这些年一直是异地，直到去年才聚在了一起。对这个小家来说，日子刚刚步入正轨。

1999 年，17 岁的张勇参军入伍，服役于陆海空三军仪仗队。服役的前三年，没法跟父母见面，也不能打电话，张勇就用书信跟父母联系。

三年的时间里，他写了厚厚的几百封信件，都被父母珍藏着。

这是其中的一封。

爸、妈：

展信好！

当兵已经九个多月了，说心里话也很想你们，有时晚上做梦都会梦见你们。哎，时间长了也就习惯了，我想你们肯定也很想我，想我时看看照片就不想了，想想儿子在这里当兵，是一件光荣的事。

儿子在部队努力奋斗，等有所成绩时，也就到了回家的日子。

儿子

可能是母子连心，出事的那天晚上，张勇的母亲一直觉得心里憋闷。

晚上十点多，她专门看了儿子的微信步数，只有 100 多步，她有些奇怪，但为了不影响儿子的工作，她没有打电话再问。

她反复看着跟儿子最后的微信记录，迷迷瞪瞪地睡了一晚上。

母亲:"明天大雪,大降温。"

张勇:"我有事,去出警了。"

母亲:"注意安全。"

张勇:"好嘞。"

3

遗体告别仪式结束后,张勇的父母带着儿子的骨灰回到了山东老家,准备第二天的骨灰安放仪式。

再有五天,就是张勇入伍的纪念日,张勇的军旅生涯就满20年了。遗憾的是,他终究没能等到那一天。

9日晚上的七点半,我的同事大峰在济南西客站接到了张勇父母,跟着他们回家。

门上贴着"福"字,只是走廊上的花有些干了,家门口有一个摄像头。

父母的年岁大了,儿子又不在身边,实在不放心,去年,张勇就在家门口安装了这个摄像头。

"儿子我们到家了,张勇,到家了,张勇……"

张勇的母亲一边念叨着,一边从兜里掏出钥匙,开了家门。

这是一个不足60平方米的房子,张勇一家人住了将近30年。家里没几件像样的家具,倒是张勇亮闪闪的奖杯和荣誉勋章随处可见。

狭小的客厅里,摆着一人高的新被褥,用塑料布一层一层套好。

如果没有这场意外,这些新被褥会出现在张勇在诸暨的新家里。

张勇本来的计划是,把父母也接到新家,一家人可以大团圆。

"你看我自己做的,被罩,被套,可好了。"张勇母亲一边说,一边拍了拍塑料布上的浮尘。

另一边,张勇父亲招呼大峰坐下。

大峰一遍遍地说"不用麻烦了",但老人还是执拗地把热茶递到他的手里,"真是辛苦你们,一天了,也没吃饭"。

邻居张哥听到家里有动静,敲开门,送来了热气腾腾的水饺和西红柿鸡蛋汤,却没敢提张勇的名字。

几十年的邻里情谊,在那一晚仿佛又加深了几分。

张勇的母亲收拾碗筷,招呼着记者吃饭。得知大峰姓张,她一愣,喊了一句"儿子"。

大峰笑着应下,夹了一个饺子,放到了她的碗里。

"妈,吃吧。"

4

"让我看看你的脸,是瘦了胖了?"

"最近有没有精神?"

"晚上睡不睡得着?"

这三句话填满了父母与张勇视频的日常。

客厅里有一个大摆钟，每过一小时，就响一次钟声。

张勇的母亲一直没闲着，她拉出铁床下的行李箱，一件一件整理着儿子的遗物，嘴里念叨着小时候儿子的状态。

小张勇尽管调皮捣蛋，却从不敢跟管教严格的母亲顶嘴争吵。

"有一段时间他光玩游戏机不爱学习，我说不行，给他讲了很多道理。我的规矩很严的，不听话犟嘴或者不爱学习，都得跪搓板，有时候得跪上两个多小时。"

可能正是因为这份严格，当了兵的张勇面对再苦的训练，也从不跟父母诉苦。

"他怕家里心疼，训练太苦了，这个靴子倒出水来都是黄色的，天天如此。"

5

张勇身高187厘米，是派出所篮球队的顶梁柱，打中锋的位置，所里没有人能比得过他。

队友说，有张勇在的比赛，就不会输。

同事的手机里存着一个视频：

张勇举起双手秀了秀结实的臂膀，嘴里大喊着"看山东的大汉出场啦"，随后，一张笑容特别灿烂的脸，转向了镜头。

眼神里，充满着自信和向往。

如今，在五泄派出所办公楼后面的大院里，篮球架还在，只是孤零零地立着。

从张勇出事那天到现在，没有响起过一声拍球或者是球进框的那一声"嗖"。

6

王媛与丈夫张勇的相识，源于部队的一次提干竞争，算是"冤家"路窄。

"我们俩那个时候都是士兵，还是竞争对手。那个时候整个集团军每年就一个提干的名额。干部处的干事说，你们现在抢来抢去的，到时候说不定还怎么样。"

果真被那个干事给说中了，两个人走到了一起。

可惜的是，分别，是王媛与张勇生活里的常态。

张勇曾经连续担任新中国成立60周年国庆阅兵和抗战胜利70周年首都阅兵仪仗队的教官。这就意味着常年的集训。

每次集训，丈夫都会有三四个月的时间处于失联状态，作为妻子，她也只能习惯。

"以前一直都是很少见面，但是我总感觉有个期盼。"

下个月就是张勇的生日了，此前王媛从网上给丈夫买了衣服、鞋子，现在又一件一件地退货。

"眼睛闭一会，又感觉有太多的事情要去处理要去面对。"

王媛说一直感觉两个人不断在火车上奔波，即将到站停下来的时候，张勇就真的停下来了，彻底地停下来了。

两个人曾经约定退休后一起去环游世界，现在这个愿望再也实现不了。

儿子小齐，身穿一身白衣，捧着爸爸张勇的遗像。

骨灰安放仪式上，王媛摸了一下张勇的灵柩，很凉，她心里想，"张勇最怕冷了……"

7

英勇就义的英雄让人无比震撼，可更能打动我的，往往是成了英雄的普通人。

只是，多么希望这个世界不需要英雄，因为需要英雄的时候，往往伴随着悲剧的发生。

如有来生，愿英雄们不再成为"英雄"，而是以一个普通人的方式平安顺利地过完这一生。

只是，在你毕业后，倘若有一天，因为职业所需，抑或处于危难时刻，你愿意挺身而出，成为一个英雄吗？

尽管，这个问题，太血淋淋了。

第五章

每一个普通的改变，都将改变普通

死亡教育，
其实是一场爱的教育

1

"How Doctors Die？—It's Not like the Rest of Us, But It Should Be！"，翻译过来，《医生选择如何离开人间？——和我们普通人不一样，但那才是我们应该选择的方式！》。

这篇文章发表在 2011 年的 11 月 23 日，作者是一名医生，叫肯·穆尤睿（Ken Murray）。

作者说：

"几年前，我的导师查理，经手术探查证实患了胰腺癌。负责给他做手术的医生是美国顶级专家，但查理却丝毫不为之所动。他第二天就出院了，再没迈进医院一步。他用最少的药物和治疗来控制病情，然后将精力放在了享受最后的时光上，余下的日子过得非常快乐。"

文章发表后，在美国社会和医学界引起了大讨论。

据说，美国医生的酗酒和抑郁症发生率都比很多其他行业高，因为他们也不忍看到病人受折磨，甚至因此承受了巨大的心理压力。

医生也是人，同样会面临死亡和病痛的折磨。

但似乎从来没有人追问过，医生这个群体在面对死亡或者重疾的方式上，会跟普通人有什么不同？

人生一世，草木一春，每个人都只拥有一次活的机会，不可逆，也不可再来。

美国是癌症治疗水平最高的国家，穆尤睿发现，不只是查理，很多美国医生遭遇绝症后都做出了完全一致的选择。

"医生们不遗余力地挽救病人的生命，可是当医生自己身患绝症时，他们选择的不是最昂贵的药和最先进的手术，而是选择了最少的治疗。"

他们反复叮嘱，当"最终的判决"来临，当自己在人间的弥留之际，千万不要让任何人闯到家里来（他们选择不住医院），尤其是在给自己做抢救时的人工呼吸（即：CPR, Cardio Pulmonary Resuscitation）时，把自己的肋骨给压断（CPR常常导致肋骨断裂）！

他们为自己选择了最好的临终方式：

待在家里，用最少的药物和治疗来改善生活品质，而不是延长生命。

2

经济学人发布的《2015年度死亡质量指数》：英国位居全球首位，中国内地排名第71位。

什么是死亡质量？就是指病患的生前最后一段时光的生活质量。

此时，往往需要面对的是不可逆转、药物无效、被各种仪器所绑架的情形，英国医生往往会建议缓和治疗。

他们说："我每次替病人做人工呼吸时，每做一下，我就暗暗祷告,上帝!请您饶恕我!因为实在是太惨不忍睹了。"

当一个人身患绝症,任何治疗都无法阻止这一过程时,人性化的医生便会采取缓和疗法来减缓病痛症状,提升病人的心理和精神状态,让病人生命的最后一程走得完满且有尊严。

作家史铁生在《我与地坛》中说:"死是一个必然会降临的节日。"

这是一种浪漫化的表达,诗意的文艺腔,而作为技术优先的医学知识的掌握者医生而言,他们未必认为死亡是一个节日,但治疗本身最好不会成为又一场悲剧。

3

柳红老师主编的《十二堂生命课》里,有一篇文章叫《宿命之问:我们为什么害怕死亡》。

北京电视台记者、乳腺癌斗士叶丹阳的一段讲述,让我印象深刻。

2002年3月,叶丹阳被查出乳腺癌,并进行了1/4乳房切除手术。2008年,她查出乳腺癌复发。经过大半年的内心纠结,她决定切除乳房。

手术后,她缠着绷带回家,惴惴不安地对儿子说:"看,妈妈已经是一个残疾人了。"

她没想到的是儿子的回应。

儿子无比镇定地说:"妈,你现在跟我一样了。"

幼年失去亲人是很痛苦的,叶丹阳不想让孩子继续承受自己所经历的那种痛苦,她在思考如何能让儿子接受中国人几乎全体欠缺了的

"死亡教育课"。

思考了很久,在儿子8岁那年,叶丹阳第一次跟儿子讲到了死亡。

她说:"妈妈有一天会死,妈妈死的时候很舒服,你不要难过,应该为我高兴。"

儿子也并没有特别大的情绪起伏。

之后,她不断通过各种场景告诉孩子:"我走之前的最后时刻依然是爱你的,我对生命无憾,你要唱着歌为我送行。"

这种教育的结果是什么?

上了大学的儿子说:"我在世界上过着这么幸福的生活,我有世界上最好的爸爸妈妈,有好朋友、有乐队、有掌声,即便明天世界末日来了,我也不害怕,可以没有遗憾地离开。"

叶丹阳说自己多年的心结一下子解开了。

父母的认知里,真的藏着孩子的未来。

4

上海"丽莎大夫"讲述过一个病例。

80岁的老人,因为脑出血而入院。

家属提了唯一的一个要求:"不论如何,一定要让他活着!"

四个小时的全力抢救后,老人活了下来,为此付出的代价是——气管被切开,喉部被打了个洞,一根管子连着呼吸机。

老人家偶尔清醒过来,艰难地睁开眼睛。

这时候,他的家属就会格外激动,拉着医生的手说:"谢谢你们拯救了他。"

后来，老人的全身都肿胀得不像样子，脑袋变成了一个气球，因为气道一直都在出血，需要频繁地清理气道。

护士用一根长的管子伸进他的鼻腔，吸出血块和血性分泌物。

老人皱着眉头，拼命地想躲开伸进去的管子。

当医护人员采取这些措施时，老人最疼爱的小孙女总是低着头，不敢去看爷爷。

医生问家属："治疗下去，还是干脆算了放弃？"

他们说要坚持治疗。

小孙女说："爷爷死了，我就没有爷爷了。"

十天后，老人死了。

老人的肤色已经变成了半透明的状态，全身密布着针眼，血管里留着化疗药物，肉里还有新的缝线，以及插上了各种各样的管子。

如果爱是一道证明题，这道题的答案，我们应该给多少分？

人类是最喜欢追求意义的，像动物一样活着，他们的活着仅限于仪器上心脏跳动的微弱频次。

这样地活着，有意义吗？

5

1999 年，五四新文学时代的最后一位大师巴金先生病重入院。一番抢救后，因为气管切开和帕金森氏病的折磨，鼻子里从此插上了胃管。

进食通过胃管，一天分六次打入胃里。

胃管至少两个月就得换一次，长长的管子从鼻子里直通到胃，每次换管子时他都被呛得满脸通红。

为了吸痰，插管长期插在鼻子里，嘴合不拢，下巴脱了臼。

后来还做了气管切开，只能用呼吸机维持呼吸。

巴金的女儿李小林提到了她和父亲的一段对话。

父亲对她说：你不尊重我……

女儿说：怎么不尊重你……

父亲说：不把我当人。

女儿说：是不是没有让你安乐死？

父亲说：是。

女儿说：我也做不了主……

巨大的痛苦使巴金多次提到安乐死，被拒绝后他还向家人发过火，说不尊重他。

他没有选择自己死亡的权利，因为每一个爱他的人都希望他活下去。哪怕是昏迷着，哪怕是靠呼吸机，但只要机器上显示还有心跳，那就好。

当他从死亡线上被抢救回来能够开口讲话时，他说："谢谢大家，我为大家活着。"

严平先生在《潮起潮落：新中国文坛沉思录》一书回忆过这段往事：

在那漫长的日子里，我也曾经到医院去看望他。怀着不安的心情轻轻地走进病房，然后默默无语地走出病房，心里像坠着一块大石头无比沉重。我忘不了他躺在床上衰弱无助的样子，那凝重的眼神，好像总在重复着他说过的话："我为大家活着！"然而，有谁知道，这活着是多么沉重多么痛苦，甚至连做人的起码尊严都无法维护！而我们这些敬爱他的人，除了束手无措地看着他受苦，又能为他做些什么呢？！

就这样，巴金在病床上煎熬了整整六年，一直到2005年10月17日19时06分，巴金在上海逝世，享年101岁。

他说："长寿是对我的折磨。"

6

巴金先生去世后的13年，2018年6月7日，台湾地区知名的体育主播傅达仁在瑞士去世，而他的去世，却显然是另外一番光景。

由于晚年罹患胰腺癌，需要不停地用吗啡止疼，而傅达仁对吗啡过敏，十分痛苦。

到了晚期，由于不间断腹泻，傅达仁每天要上七八次厕所，每次至少二十分钟，甚至只能睡在厕所里。

从那个时候开始，傅先生的儿子逐渐开始接受父亲的"安乐死"的提议。

让父亲加快死亡，不是恨，不是不爱，而是爱，而是很爱很爱。

视频里，工作人员给傅达仁讲解喝药的细节，提醒他喝下去后要大口吐气。

"喝得越快越好,因为这种药非常苦。"

傅达仁听完,做了一次模拟练习,对着镜头平静地说:"so long,再见。"

此时,再见的意思,便是再也不见。

傅达仁喝的是一种强麻醉剂,学名叫硫喷妥钠,通常的药剂用量是1.5克,注射死刑的药物里也往往含有这种成分。

喝下去之后,人会迅速进入深度睡眠直到昏迷,之后会因呼吸系统麻痹而死亡。

傅达仁分几口喝下了,旁边的家人一起唱歌。

傅先生的儿子说:"爸爸我们爱你,好,不痛了。"

傅先生的爱人,一脸笑意:"好棒哦,正好12时58分。"

亡者脑海中最后的记忆,是家人的笑脸和亲人的拥抱,这也许比什么都重要。

"死亡",从某种意义上而言,成了一个动词。

显然,"安乐死"考验着社会伦理道德和法律制度,但是否也意味着在一个密闭的容器外,有一个缝隙,透进来了一丝光。

安乐死在很长一段时间里,是一个讨论的禁区。很多人更习惯选择回避,特别在面对自己的至亲时,连想都不敢想,怕会被其他人指指点点,甚至成为"杀人凶手"。

我同意缓行、慎行,但不应该游离在讨论的范围之外,仿佛讨论这个议题都是一种政治不正确。

我不知道,"安乐死"是否必然带来社会进步,但却显然解除了很多人的切身的痛苦。徘徊在死亡线上挣扎着想活下来的人,是有价值和意义的,但经历了无数痛苦之后一心想要求死的人,是否也拥有自己结束生命的权利?

《人间世》纪录片里,一位住在临终关怀病房的病友王学文,是这么说的:

"病人最后的阶段,实际上是他最痛苦的阶段。你让他多活一天,他就多难受一天,因为这是世界上最痛苦煎熬的一天。"

7

有一位网友的留言:

二十多天的 ICU,我爸瘦得像骷髅。我也想救他,家里能筹的钱都筹了,医生说没什么希望了,为他好就两条路:第一,拿出一百多万元去北京,还有机会醒来,概率是2%,剩下的概率是植物人,还要准备钱买呼吸机。第二,拔呼吸机,让他走。我挣扎了一个星期,直到亲戚翻脸不认人来催债。我卖了能卖的,让他撑过了最后一个中秋节。第二天,我亲手按掉了那个蓝色按钮。我杀了人,我杀了我父亲。

几天后,我做了一个梦,我爸跟我说谢谢。

还有一位网友的留言:

在我母亲生命的最后一个夜晚,我从她身边起来了三次,注射了两次杜冷丁,她睡了一觉,醒来却像经历一场长跑,气喘吁吁。

她含混地让我给她录了两段视频，一段给我的婚姻，一段给我将来的孩子。最后，她请求我给她最后的尊严，我取出了最后六支杜冷丁，推进了她的药瓶，安静地躺在了她的身边。

关了灯，她说我出生第一夜，我们也是这样躺着。

再见，妈妈。

8

某一个深夜，我相识了 16 年的挚友——DJ 欧阳跟我第一次无比认真而详细地谈到了她的妈妈。

两年前，欧阳的妈妈因肺癌离世。

先是咳嗽，之后头疼、发烧，很短的时间里，一个健康的老人就虚弱到需要坐轮椅，此时才被医院真正确诊。

每个妈妈，都有自己的放不下；每一份放不下里，都藏着期望。

有的妈妈最放不下自己尚未嫁人的女儿，有的妈妈最放不下爱了一辈子的爱人，还有的妈妈最放不下银行卡里的钱……

重症监护室的很多患者，虽然睁不开眼睛，但耳朵是能听到周围人发出的声音的。

欧阳很庆幸，妈妈很快就从重症监护室转到了普通病房。

"与其跟其他不认识的病号在一起，不如跟自己爱的人在一起。在普通病房，起码我们可以一直握着手。"

后来，医生跟她商量，建议她不要为母亲过度治疗，而就是静静地陪伴妈妈走完最后一程。

"做电击，表面上看人还活着，但体内很容易烧伤和溃烂，也是一种破坏。"

最后,妈妈走得很祥和。

每个人都是哭着来到这个世界的,那么,能不能平静地,或者笑着离开?

有作家写了这样一段话:如果我能,让我更真诚、热烈地活着,更自由地追逐,更勇敢地去爱和恨;当我不再能,让我能了无牵挂,少些遗憾,保持尊严地离开。这是一个健全的社会可以赋予个体的理想权利。

生命是留不住的,那就保留最后的尊严和温暖。

死亡教育,终归是一场关于爱的教育。

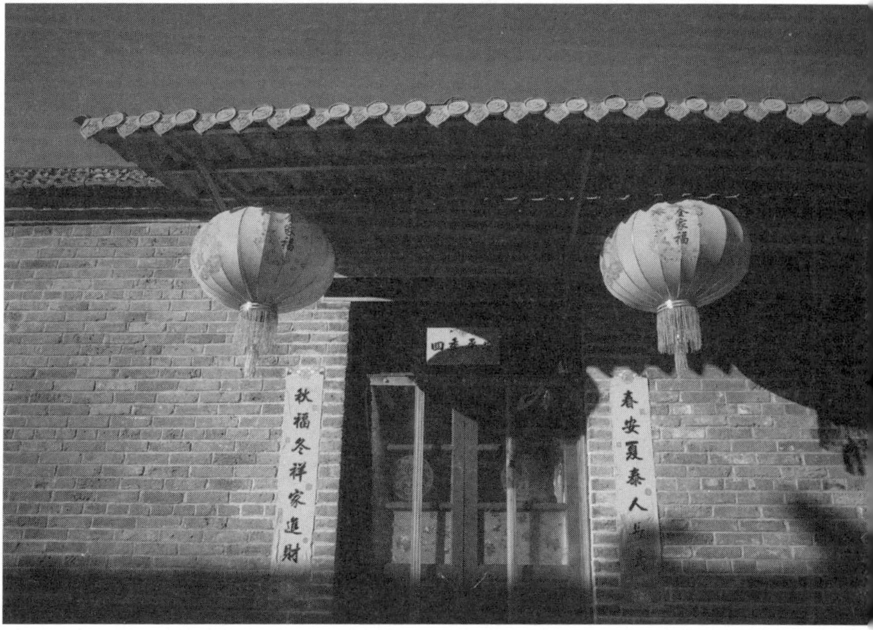
秋福冬祥家進財
春安夏泰人

一位母亲的坚持和相信

全天下的父母都盼着自己的孩子永远年轻,聂树斌的母亲张焕枝却一直想着:42 岁的儿子,会是什么样子,胖了还是瘦了。

她做过太多跟儿子聂树斌有关的梦,梦里的儿子,始终停留在他离开的年纪——不到 21 岁。

张焕枝曾经做过这样一个梦:

儿子聂树斌敲着窗子,小声说:"妈,我回来了。妈,开下门吧,我忘了带钥匙。"

妈,我回来了。

妈,开下门吧,我忘了带钥匙。

妈。

1

张焕枝身材挺敦实的,也不太像一个 72 岁的老人。

她坐在空荡荡的房间门口,她的丈夫、聂树斌的父亲聂学生发出啜泣,而她却始终紧闭嘴唇,没什么表情。

就像她在最高人民法院再审的现场,她也是类似的表情,拿一支笔做着记录。

当审判长宣布再审判决结果，"原审被告人聂树斌无罪"时话音刚落，张焕枝已经在用手抹着止不住淌下来的泪水。

"我的孩子回不来了！"突然，张焕枝失声痛哭，哭喊着，"我的孩子回不来了！"

有人上前安抚。

"我的孩子回不来了，让我的孩子回来吧……"张焕枝手捶着桌子。

2014年12月13日，上午六点半，张焕枝就迫不及待地来到聂树斌的坟前，将山东省高级人民法院将对聂树斌案进行复查的消息告诉了儿子。

"我告诉他，儿啊，你的案子要复查了。但时间太赶，都来不及做什么准备。"

"聂树斌案"再审宣判后的第二天，张焕枝和老伴聂学生再次去给儿子上坟。

站在坟前，72岁的张焕枝把最高法院的无罪判决书"烧"给了儿子。

"妈一直知道你是个好孩子，你在那边要是没地方去，就去找你奶奶和大伯，他们都知道你是好孩子。"

"等我和你爸百年之后，我要把你的坟迁到我跟前，我让你能跟我在一起！"张焕枝一边哭，一边说。

团聚。

嗯，本就是一家人，当然要好好团聚。

毕竟这么多年，都没能好好团聚。

每次去北京，这位老人就住在法院附近15元一晚上的招待所里，昏暗的小房间里挤满了五六个人，只有一个公用的洗脚盆，只能买一两元钱的烧饼填饱肚子，哪里敢奢望"团聚"？

2

1994年，50岁的张焕枝很幸福，儿子聂树斌刚刚踏上工作岗位，是一个焊工，靠手艺吃饭。

9月24日当天，三名民警来到聂家。

此前，在石家庄西郊的玉米地里，当地液压件厂技术科的女描图员康某某被害，警方高度怀疑聂树斌有作案嫌疑，因为有人见到聂树斌骑着自行车从附近经过。

当然，他们也安慰50岁的张焕枝，说，如果凶手不是你儿子，很快就能放他回来。

第二年3月，等到聂树斌案一审开庭。

张焕枝起了个大早，赶到了位于靶场街的石家庄中院，只是，法院告知此案涉及受害人隐私，被告方家属不得旁听。

张焕枝不死心，一个人等在街对面。

直到看到了两辆警车，从其中一辆车上下来一个犯人，离得很远，但张焕枝说一看就知道是自己的儿子。

"虽然没走到近前，可养了20年的孩子，我这当妈的一眼就能看出来。"

张焕枝清楚地记得，当时树斌的两个肩不一样平，左肩往下耷拉了。

张焕枝和老伴猜想过一个场景。

面对警察"是不是你干的"的审问，有点口吃的儿子聂树斌只能艰难地反驳，"不，不，不是"。

说不定，警察又接着问："到底不是，还是是？"

儿子又回答："不，不，不，是。"

最终还是判了。

"死刑"两个字话音刚落，坐在法庭最前排的聂树斌凄厉地哭了起来。

张焕枝想要走过去，被法警拦住了往外边推，她撕心裂肺地喊："树斌！"

儿子回过头看了母亲一眼，继而仰着头，张焕枝看到自己的儿子满脸是泪。

3

看守所门口小卖部的工作人员负责往监狱里送食物。

聂树斌的父亲聂学生每半个月去一次，一个月20元钱的奖金，分两次买成方便面和火腿肠，托小卖部的工作人员捎给儿子。

"你儿子可真不像强奸、杀人犯。"

小卖部的工作人员每次都向聂学生感叹，别人该吃吃该喝喝，唯独你儿子蹲监狱，蹲在那儿，垂着个头。

1995年4月28日，聂学生想着天气转暖，要给儿子送几件换洗的单衣。

小卖部的工作人员愣了："你没看电视？以后别送了，你儿子被枪毙了。"

聂学生家里收不到石家庄电视台，他不知道在二审判决两天后，聂树斌已经被执行了枪决。

从自由民到犯罪人，打击犯罪的国家机器一旦开动，必将轰隆隆一往无前，没有极为特殊的原因，注定无法停止。

聂学生在半年后，吞下了一整瓶安眠药，人被救了下来却引发了偏瘫。

死里逃生后，他又接连经历了三次脑血栓。

这个"强奸犯"的父亲，拄着拐杖，右脚向前挪半步，左脚拖上半步，他想挪出被媒体占满了的院子。

聂树斌的母亲张焕枝，开始了四处奔走的那条路，她从一个只有小学文化的农村妇女变成了熟悉各种法律术语的"斗士"。

她说："去河北不管用，我就上北京。那时候我都不知道怎么去北京，到什么地方下车我都不懂……感觉就像在黑夜里摸。"

当评判的那把尺子歪了之后，你所能容身的地方，总是无尽的黑夜。

晴朗的白天，慵懒的午后，闲适的傍晚，寂寥的深夜……一个农村妇女，该如何撑过这漫长的21年。

她始终记得自己的任务——还我儿子清白，她相信自己的儿子一定是清白的。

"他每一个骨头缝的细节我都知道，他怎么可能会杀人？"

"我儿子，我生的他，养的他，他的习惯我都能掌握，他说什么话，做什么事，我都能料到，因为我每天都看着他。"

"杀人？他连只鸡都不敢杀，他根本就没那个胆量。我不相信！"

这是一个母亲内心的确认。

"我到现在都后悔，没能在案发后亲口问一下他，强奸杀人的混账事儿，到底是不是你干的！"

她不敢停下来，她不敢生病，她不敢有琐事，她怕耽误为儿子伸冤，她怕对不住自己的儿子。

这是一个母亲能想出来救孩子的唯一的办法，为了儿子，她必须淬炼成为铁人。

张焕枝有自己的原则：只说理，不胡骂。

4

几年前，几乎遭遇了相似冤案的呼格吉勒图的母亲给张焕枝打了一个电话。

电话里，呼格吉勒图的母亲说："坚持下去，你也能等到那一天。"

真凶王书金落网后，张焕枝每个月至少去一次河北省高院，单程需要两个小时。

早上八点钟，张焕枝到河北省高院登记。

在大厅等上几个小时后，她可以跟河北省高院负责此案的王法官见上一面。

隔着一层厚厚的玻璃，王法官问她："你又来啦？"

张焕枝几乎和对方同时开口："你上次说我儿子的事情在调查，调查得怎么样了？"

每次得到的都是几乎一样的答复。

"我们正在调查，你回去再等等吧。"

漫长的 21 年里，只要有时间，张焕枝就跑到公检法，但总是进不了门。

媒体报道里，这其中的每一扇门都应该是畅通无阻的，可到了现实中，这扇门为什么就是紧闭的？

律师说，聂树斌案如果不是张焕枝的坚持，肯定走不到今天。

学者陈顾说，很多冤案得到重视和纠正，并非制度的功效，而是纯属偶然。如果能够坦承冤案之发现与平反多属偶然，就不应将冤案的昭雪寄希望于某种制度。制度，旨在一般和规律，而非个别与偶然。只能依靠制度来预防冤案，而不可能依靠制度来纠正冤案。

有记者问："审判长在宣判的时候，你在用笔记录，每个细节你都仔细地听了？"

张焕枝说："每个细节我都认真听了，但是记不全，我老了，写字也慢。但是每个细节我都听了。"

在聂树斌案最终结果还没出来的时候，张焕枝就因其行事风格，得到了很多人的尊重。

她就像恶斗风车的堂吉诃德，或者是将大石头一次次推上山的西西弗斯，坚持不懈地做着无用功。

一个个过去的隐喻，同样在表述着现世的荒谬。

那一大把循环往复、生死疲劳的申诉岁月，日日都是煎熬。

石头，风车，意味着什么？

是当下的社会环境，是依然不够完善的司法制度，还是那张细密的权力关系网？

村里人的眼神里，是佩服，也有无法掩饰的同情。

但是，这种眼神跟 20 年前，聂树斌跟强奸联系在一起时的眼神截然不同。

张焕枝说，那时候，见到街坊邻居，不敢抬头，不敢说话，怕被别人指指点点。

而现在好了，高高兴兴地扬着头走路。

这是一个母亲的尊严，与儿子骨肉相连的尊严。

5

在"王书金案"二审庭审中，出现了律师口中的中国刑事审判"奇观"：控方拼命辩称当事人并非真凶，而被告律师极力证明自己的当事人就是真凶。

是不是既荒谬，又讽刺？

一群有良知的律师、记者、警官坚持追查到底，还有那个本来十恶不赦的真凶王书金一口咬定是自己犯的案，可是他们当中太多人因此而遭了殃。

公安办案，检察审案，法院判决，最后还有死刑复核，如此程序都能错杀。

每一次执法都应该是宣传法律的过程，而不是破坏法律的过程。

很多文章会引用一句话：正义也许会迟到，但绝不会缺席。

这句话大错特错，且毫无法理依据。迟到的正义，已经千疮百孔，它对社会也许有正面效应，对当事人却是无法弥补的伤害。正义只有缺席与不缺席之分，迟到即缺席。

大学本科一年级，法理学老师就告诉我们这样一句法谚：迟来的正义，非正义。

正义，不仅要实现，而且要以人们看得见的方式实现。翻译过来，正义，是为了避免每一个无辜的人被冤枉。

媒体人柴静说：一个人，不应该一辈子背着不加解释的污点生活。

张焕枝曾经说过，这么多年来为儿子申冤，我不是为了赔偿。

对于一个72岁的老人而言，钱，对她还有多少意义？

多少钱，能够买回一个21岁青年人的尊严？多少钱，才能换来一条鲜活的生命？多少钱，能让母子俩相认，哪怕抱头痛哭？

我们没有答案，我们都不敢给出答案。

6

张焕枝清晰地记得自己的两次大哭：

一次是21年前，1995年4月27日，21岁的聂树斌因故意杀人、强奸妇女罪被执行死刑。她撕心裂肺地喊："树斌！"

一次是21年后，2016年12月2日，撤销原审判决，改判聂树斌无罪。张焕枝先是落泪，落座后大哭，三次大喊"我那孩子回不来了"。

21年了，张焕枝所在的下聂庄成了示范村：

宽阔的水泥路，整齐划一的民宅，老乡们有说有笑，更多人是通过电视来了解21年前村子里那个冤死的内向男孩……

没变的，是村里的一棵老槐树。

老槐树下有一位老人，她做了一个梦。

儿子敲着窗子，小声说："妈，我回来了。妈，开下门吧，我忘了带钥匙。"

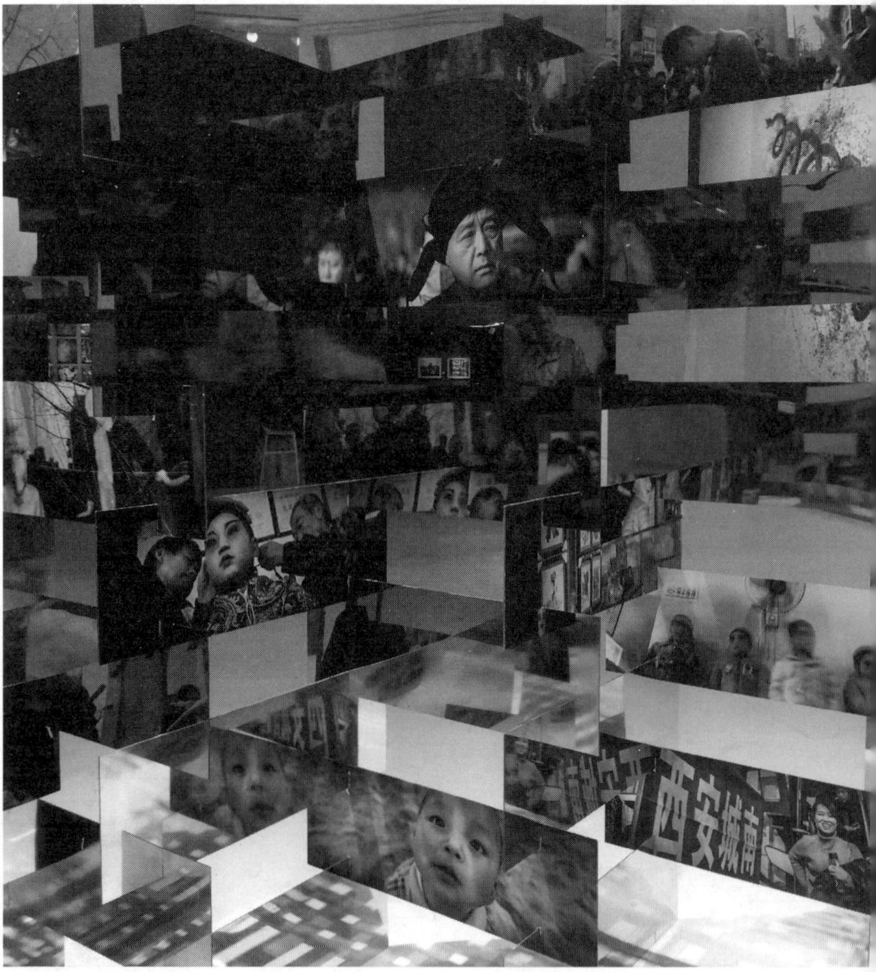
西安城南

媒体的体面

很多年前,我对自己的认知是一个"主持人"。

主持人这个行当,在我父辈的眼中多少是有些不正经的,他们涂脂抹粉、放肆娱乐、情感状态动荡不定,还多少有些游戏人间。

跟娱乐明星差不多。

机缘巧合,在主持人生涯的第八个年头,在我做过音乐节目、娱乐节目和少儿节目之后,我一头扎进了新闻这个行当里。

对不同的新闻事件进行或肤浅或自认为深刻的评论,甚至因此成了我所在的电视台的首位电视新闻评论员,所主持的评论节目也拿到了中国新闻奖的一等奖。

更多的人在介绍我的时候,不是用了"主持人",而是"媒体人",感觉"媒体人"明显是更高级的称谓。

我也是在过了很多年后,才敢承认自己是一个"媒体人"。

但也很快,赶上了媒体的转型浪潮,我周围的太多同事不仅是情绪上的焦躁,更有本领的缺失和技术的匮乏。

换句话说,我们会的那套手艺,慢慢失去了意义,有人总结为"一顿操作猛如虎，一看阅读四十五"。

更骇人的是，除此之外，我们居然找不到别的手艺了。

老报人刘炳路老师感慨："以前在传统媒体中有一种精英意识，认为自己可以影响到新闻事件的发展。对读者来说，是'相信我们的判断，告诉你不知道的事实'，是站在'我们'的角度，而现在更多的是站在'用户'的角度，观察他们在一个新闻页面的点击量、停留的时间等。"

也不仅仅是技术的迭代造成的困局和窘境，很多媒体人早已经失去了应有的体面而挥刀自宫了。

1

跟媒体相关的教材上，关于媒体的属性，都会出现一个生动的比喻，狗咬人不是新闻，人咬狗才是新闻。

而到了现实层面，某种意义上，媒体人成了"盼"着别人"出事"的一个群体，比如突发事件，比如事故，比如灾难，比如凶杀案件。

狂风中，大树砸晕了市民王大叔，隔壁家电视台的网红记者迅速带着直播设备赶到现场。

120急救人员正在救助中，网红记者不管不顾地开始了直播："王大叔，王大叔，您还能说话吗？请问您现在的感觉怎么样？"

急救人员黑着脸，一抬手打掉了网红记者伸向王大叔的话筒："你们能不添乱吗？"

信号紧急切换到了演播室。

一个女记者为了防止被狂风吹走，在无坚不摧的台风中把自己绑在了树上进行直播，脸被风吹得完全变了形，声音凄厉到让人同情。

另外一边，120公斤的记者在镜头里调侃体重优势的重要性。

进行业务交流，这个片子被拿了出来，有同事跟我说："新哥，你摇晃的幅度越大，领导嘴角的微笑越灿烂，这个新闻就越容易获奖。"

人的"智慧"是无穷的，他们发明了一种新闻叫"摆拍"。

有人总结为自虐式的视觉冲击式报道，只是，这种现场报道的意义，到底有多大？

只是为了提醒你的受众，外面风大雨疾不安全么？

有专家说，并不是每一种"现场"都称得上新闻，都需要去"呈现"和"还原"，记者应该学会保重。

既保重自己的人身安全，更保重媒体人本身应有的体面。

灾难（或事故）具备极高的新闻价值，灾难（或事故）与公众人身安全息息相关，灾难事件（或事故）往往具有强大的社会影响力。

只是，新闻报道，永远都不是一场表演，更不该成为记者的独角戏。

2

2020年新型冠状病毒疫情期间，我所在的媒体，发布了很多正能量的新闻：

日照市东港，监控里，一个戴着帽子的老大爷，扔下一个纸包后就快速跑开了。纸包里，是一沓百元钞票，总共12000元，还有一张纸条，写着："急转武汉防控中心，为白衣天使加一点油，我的一点心意。东港环卫。"

民警调取监控后，最终确认了老人的身份。他叫袁兆文，68岁，家住日照市东港区西湖镇袁家村，是一名环卫工人，他说："我只是用一滴水的恩情，为武汉人民献出一滴水的贡献。我怕有人追上来，把钱再塞给我，那就不是那么回事了。"

他无儿无女，是街道的"五保户"，以修车修鞋为生，一天的收入不过五六十元钱，疫情这段时间完全没了收入。他坚决要从自己的存折里拿出1000元钱，捐到湖北抗疫一线。

他叫王宝印，聊城市东昌府区人，戴着黑色的瓜皮帽，手指甲浸着黑色的污渍。工作人员试图劝阻老人，把钱留着，他说："现在疫情这么厉害，钱放着也是放着，能出点力就出点力，再说也没有多少钱。"

看完这两条新闻，你是什么感受？很感动，对不对？

特别是配上了煽情的音乐之后，读到这样的文字或者看到这样的视频，就感觉每一个毛孔都张开了，还会有一些自己苟活于世，他人品德高尚的感慨。

起初，我也很感动，这叫人间大爱、道德楷模。

可很快，我也从更多的媒体报道中发现了问题所在：

跟日照市东港的环卫工人袁兆文、聊城市东昌府区的"五保户"

王宝印相似，有太多的捐助者本身是同样需要甚至更需要关照的人。这个往往年龄都很大的老人群体，甚至生活不能自理，独自捐助，没有家人陪同，捐出去的钱是攒了很多年的积蓄。有的老人捐了钱之后，几乎没有生活费了……

我突然觉得怕了，诚然，他们知道什么是责任，知道有些事情可以不惜一切代价，知道生命和集体的意义，所以他们才义无反顾地挺身而出。

但我们更应该意识到，对这些老人而言，这是一种飞蛾扑火、不留后路的捐款方式。

这些风烛残年的老人们接下来的生活保障，难道不重要吗？

哪怕是善意，也没有任何理由逼迫一个人将自己放置在没有退路的境地，不是吗？

媒体是有导向功能的，有时候也会误导公众。

3

有一段《新京报》采访莫言先生的片段，我一直记得。

记者问：很多人评论你的小说写得过于残酷，像《檀香刑》我确实只翻了几页，就不敢看了。

莫言答：我知道你根本就没看过《檀香刑》，你是人云亦云。因为，《檀香刑》中被人认为是"残酷"的那些描写，是到了书的二百多页之后才出现的。"记者从来不看书。"你们看不过来，这可以理解。而不看书又要评书论书，这是你们的职业需要，也可以理解。这是半开玩笑的话，你不要认真。但你发表时不要删去这段，因为这很好玩，是我作为被采访者的一次温柔反抗。我们这些作家，被你们这些记者，像橡皮泥一样，捏了几十年，好不容易鼓起勇气，说几句反驳的话，希望你们也有点雅量，不要删改。

记者：我是当代小说忠实的读者，你的小说我当时确实翻了，但我确实没有看下去，就是觉得语言很嘈杂，还有就是觉得太残酷，看了会很长时间心里不舒服。

莫言：那让你来采访我，真是难为你了。

莫言先生的这段回答，实在是妙极了。

而保留了这段文字的记者，也足够勇敢。

反思自己做过的访谈节目，占比很大的一部分节目自己都是不满意，甚至始终游离在访谈之外。

特别是对作家的访谈，由于事务性工作太多，压根没有通读过作家的作品，往往只是看过一两部作品，其他的只能翻了翻序和后记。

访谈中战战兢兢，生怕露怯，却还一副自信得体的样子，访谈结束后，长吁了一口气——啊，终于结束了。

4

曾经有个很有名的原生态农民歌手，主持人介绍他是"农民歌手"，他却自称是一个普通的放羊人，没有机会去专业院校学习，爱好音乐的他每天只能在空旷的大山上放声歌唱。

在电视节目里，他始终头戴着白色的羊肚头巾，身上穿着白色的坎肩，脚上蹬着一双布鞋，十足的农民歌手范儿，大叔大妈眼中的"可怜孩子"。

事实上，这是媒体人和歌手本人联合生产出来的娱乐产品：他是某个煤矿的工人子弟，此前经过了专业的音乐训练，也曾经当过北漂在酒吧里驻唱过。

换句话，他压根就不是什么"农民歌手"。

再后来，电视上出现了太多的"杀猪哥""豆腐姐"等，他就是一个卖猪肉的普通屠夫，她就是一个卖豆腐的普通小贩……

呵呵。

媒体人说，这是策划，而不是欺骗。

哪怕是撒谎，那也是善意的谎言，为了勾起大家心里的某一种情怀，更何况对每个人都没有带来伤害嘛。

什么是我理解中的媒体人的使命呢？

不知来自何处的网络图片，不知来自何处的一段声音，因为媒体人的介入而逐渐丰满，越来越多的细节被核实或否定，越来越多的眼睛感到明亮，越来越多的心灵被滋养或刺痛。

伦敦大学城市学院教授 Jane Singer 有一篇论文"The socially responsible existentialist"。

她说：在人人都可以采访、写作和传播的年代，我们不再能够依靠工作流程来定义记者了。

那么，记者要靠什么定义？Jane Singer 提出：判断一个人是不是记者，要看他（她）是否认同和遵守新闻业的使命——那就是履行自己的社会责任，提供可靠的信息，为受众解释这个复杂的世界。

当媒体人的思维指向反智时，却有从来没有拿到记者证的人，成了瞭望者。

能看见的越多，有可能被揣测的便越少。

5

在真正的危机时刻，专业媒体与专业的新闻精神本身，就是不可替代的存在，尽管很多拿着记者证的已经不能称之为"记者"了。

没有专业新闻媒体，这个世界就少了一双发现真相的眼睛。

相比之下，还有很多媒体，成为职业报道"好人好事"的"专业"机构。

对于很多应该报道的真相，他们视而不见，秉承的原则是：我不说，就没有人会知道。

我并不排斥"好人好事"，只是"好人好事"往往是道德使然，或者是岗位职责所在，而探讨庞大的运行机制之下，灾难为何发生，以及如何防御下一次灾难的发生，这才是焦点与核心所在。

有能力、想干事的总编辑，会把笼子里的空间用尽，让人致敬的媒体不仅把笼子里空间用尽了，而且还竭尽所能把笼子扩充了。

很多人唱衰传统媒体，在新媒体人冒出来的一堆专业名词里，传统媒体人羞愧得无地自容。

错了，我一直都不觉得传统媒体人是一群废物，他们是有手艺的，很多时候是被迫或主动进行了一场默默无声的自我阉割。

但倘若，没了风度，没了风骨，没了人性，没了德行，没了职业精神，你还能指望他干点啥？

和逝去的那个年代相比，如今这个年代越来越无趣了，更多的人崇尚物质和功利。

精致的利己主义者多了，富有勇气的人少了；

顺从的人多了，具有反叛精神的人少了；

鼓掌的人多了，反思为什么鼓掌的人少了。

那时的青春像一场大雨，暴雨如注，没有人准备雨具，也没有人准备蓄水池，就是直愣愣地冲到大雨中。

就像有人说的，现在的人不听罗大佑了，大家喜欢听罗振宇。

6

我很敬重三种人，虽然三者之间的界限很模糊，概念本身也不够周延：人文知识分子、科学家和专业的媒体人。

媒体人告诉我们这个世界发生了什么，这是真相；

科学家试图解释给我们事物缘何发生，这是真理；

人文知识分子给我们提供看这个世界的角度，这是真情。哪怕你觉得他对时代怀有深深的恶意，那也是他独立思考之后给出的答案。

到底什么才是媒体的体面和属于媒体人的体面，我的朋友陈亚豪在朋友圈里分享了一段话，本不是针对媒体和媒体人，却同样有意义。

他说自己的人生观是勇敢、智慧和原则：以勇敢去直面一切令你惭愧的善，与痛恨的恶；以智慧去处理各种你有可能挽回的善，和去痛击的恶；以原则去鞭策自己成为善，然后拒绝恶。

媒体所呈现的事件永远都有善有恶，有细节为善的恶，也有心中是恶的善，但勇敢、智慧和坚持原则应该是一个媒体人的特质。

真话，比整个世界的分量还重。

第六章

足迹：追梦路上，你是自己的千军万马

挑战一小步，
人生一大步

陈彦彬

1

我从小性格内向，上学的时候从来不敢和女生主动说话，女生主动跟我说句话，我立刻就满脸通红。

虽然学习成绩还可以，但是一直到高中毕业，从来没当过班干部，甚至都没有当过课代表。很多时候我在班级里默默无闻，毫无存在感。

如果在读大学之前的求学年代，让同学们投票，谁会是未来的企业家，我估计一票都得不到，连我自己都不会投自己。

复盘自己的求学经历，以及毕业后的职业生涯，会发现大学时代，准确地说是读大三的那一年，我迈出的那一小步至关重要。

那一小步，让我进入了成长的轨道，开启了不断挑战自我的人生。

2

刚进入大学的时候，因为家庭贫困，大一、大二两年一直在学校勤工俭学，每天早上去打扫校园卫生，每个月有 80 元的收入。

大三不想参加勤工俭学后，一直想寻找新的路子去赚生活费。

这时候发现系里的社团组织——锐新计算机学研会处于半停滞状态，我计算机学得不错，有想法去当这个社团的主席，领导这个社团，并且依托这个社团然后开展一些活动，赚取生活费。

对于一些当过班干部的同学来说，可能去找学校领导谈谈自己的想法，不是特别难的事情。

对于参与学生会的同学来说，那可能就更容易了，但是对于我来说，没当过班干部，学生会连个干事都没干过，挑战却非同小可。

找同学了解完情况后，知道要想当学研会主席这件事情必须去找系里最大的领导，也就是系主任去谈自己的想法。

我一下子泄气了，感觉希望太渺茫了，我一定做不了，这件事也就搁置了。

3

大三下学期，城市里有了网吧，上网一个小时要5元钱，在当时还是非常贵的。

很多同学想去上网，但是大部分同学接触计算机的机会非常少，连申请个电子邮箱发邮件都不太熟悉如何操作，非常需要培训指导。

我可不可以租用学校的机房，给同学培训这些基本的上网操作知识呢？跟一些同学聊了聊自己的想法，很多同学都觉着有这个需求，是个商机。

如果有个社团，组织开展这个工作会非常合适。摆在一切活动面前的工作还是要成立一个社团组织，如果能够组织管理锐新计算机学研会，那是最合适不过的了。还是需要迈出那一步，不然一切都会是空想。

前前后后大约思想斗争了两周，把见到系主任后要说的话打了草稿，演练了好多遍，却依然没有信心。

生活费越来越紧张，迫于生活压力。最后，在一个没课的上午，我终于鼓起勇气敲开了系主任办公室的门。

磕磕巴巴地介绍了自己是谁，自己的想法，现在想起来还记着那时候有多难，有多紧张。

听完我的想法后，系主任很高兴，不仅答应了，还立刻喊来了系里的副主任，安排我以后可以和这位副主任对接开展工作。

当时的系主任，副主任，今天都已经是大学副校长了，一直心存感激。

这一次毛遂自荐的成功，给了我极大的信心。

4

我迅速开展学研会纳新工作，对新学员先进行了一些培训。

然后开始跟学校的机房管理处谈合作，在系里副主任的支持下，发现一切都没那么难，顺利租下了学校的机房。

接着张贴海报，开始招生。事实证明发现的商机是没问题的，张贴海报的第一天就报名了30多个人。

上网冲浪培训就这样顺利在学校里边开展起来了。

做了五六期培训后，我又开始带着我的小伙伴们开拓新的业务，承接网站制作，有时候也帮同学、老师做PPT，帮毕业学生设计制作简历等。

经过半年多时间的经营，原来毫无存在感的一个大学生社团，变得比学生会更有吸引力,因为同学在这个社团不仅能学到知识,能够锻炼能力,还能够赚到钱。

学研会得到了学校领导的一致肯定,我的自信就这样建立起来了。

最关键的是,我不仅解决了生活费的问题。组织能力也有了较大提升,自信心也建立起来了。

5

今天回想起来,大学时期的经历为自己后来创业种下了一粒种子。

大学毕业工作一年多,我就开始了第一次创业,虽然第一次创业以失败收场,但是创业这粒种子破土发芽了。

2007年我开始第二次创业,创业依旧困难重重。几经沉浮,走到今天,成就了一家年营收几千万元的集团企业,回想那一粒种子,就是在读大三的时候种下的。

今天那粒种子已经成长为参天大树。

中兴协力的企业文化有一条就是直面挑战,没有人天生就是企业家,没有人随随便便就能成功。

成功的人都是完成了一次又一次的挑战,坚实地走过了人生每一步,才看到鲜花听见掌声。

有时候经常在想,如果那时候我一直没有勇气迈出那一步,没有勇气去找系主任谈自己的想法,没有去当学研会的主席,没有种下创业那粒种子,我今天会在哪里,会不会依然是生活的配角。

迈出挑战自我的一小步,就有可能成为你人生一大步。

当你为了理想而努力，全世界都会为你让路

王炯

1

受父亲影响，我从小就很喜欢武侠小说：

刀林剑雨，树枝为剑，以气御剑。如此江湖，何等气度风范！

金戈铁马，沙场点兵，推杯换盏，煮酒论道。如此江湖，何等英雄豪气！

衣袂翩翩，细雨微尘，玉箫冰弦，合奏一曲，江湖笑傲。如此江湖，何等浪漫惬意！

……

一直以为，那些文韬武略的江湖才俊，那些经时济世的英雄豪杰，始终对黎民黔首怀有一份由衷的怜爱，坚守着"侠之大者，为国为民"的信条，方可如此从容，如此大度。

一直都在做着这样的英雄梦：希望有一天自己也可以成为一位女侠，仗剑行天涯，扫尽不平事。

但当欧冶子的眼神早已迷茫，当御剑池已不再有云雾缭绕，当弯弓射雕、马革裹尸已成为纸页泛黄的过往，我已知道：飞雪连天

射白鹿，是太久远的传奇；笑书神侠倚碧鸳，却是今生犹可追的浪漫。

当手中已不再有剑，我选择做一名职业记者，以笔为剑，记录这个社会真实的声音，也剖析一切不合理的存在。

2

一直很欣赏李慎之先生的一句话：传统知识分子（士大夫）的任务是教化，而现代知识分子的任务是批评。

而约瑟夫·普利策（Joseph Pulitzer）也曾说过："倘若一个国家是一条航行在大海上的船，新闻记者就是船头的瞭望者，他要在一望无际的海面上观察一切，审视海上的不测风云和浅滩暗礁，及时发出警报。"

2008年，我进入山东理工大学。

2009年3月，大学生记者协会纳新时，我立即报了名，但面试时的出言不逊让我一度以为自己已经丧失了成为校园记者的机会。但当我接到第一次例会的通知时，我真的很惊讶：原来大学生记者协会竟然可以如此宽容——我真的可以在记协学习如何成长为一名职业记者。

从那一天开始，我开始正式尝试"杂家"，在采访之外，看各领域的书籍。尤其是心理学、政治学、社会学，由原先的最单纯的喜欢开始走向专业理论学习——在中国知网下载学术论文，在图书馆看学术专著。

没有采访任务时，也会找一些自己认为具有新闻价值的东西去采写，只希望能使自己在大学期间得到应有的锻炼。

但我的问题是，我就像我的偶像法拉奇和普利策一样，喜欢进攻式采访，如果采访对象足够强大，特别容易出深度新闻；但如果采访对象比较虚弱，采访就到此为止了。

由于我的名字经常出现在校报上，文风比较犀利，擅长宏大叙事，名字也像个男孩子（杨炯、欧阳炯等都是男性），导致很多同学以为"王炯"是男生，有同学见到我，发现我是女生时，还很惊讶，说他们班有女生爱慕我……

"作为一个新闻工作者，你得随时准备为新闻事业牺牲，包括你的时间，你的尊严，还有你的生命。"

我觉得是这一句话一直支撑我走下去的。作为学生记者，也许本不必如此认真，但我一直告诉自己，不要拿校园记者来搪塞自己。因为我要做的是职业记者，即使没有条件做到专业水准，也要努力向职业记者靠拢。

美联社记者吉姆·米尔斯报道了甘地为赢得印度独立所付出的一切努力，当甘地被秘密释放后，只有米尔斯一人获得此消息。"我猜想，当我死后站在天堂之门的时候，碰到的第一个人会是美联社记者。"我希望当我成为一位新闻工作者时，也能让自己的采访对象有这种感觉。

后来学校校团委重启团报《理工青年》，也找了我来做副主编，校友办编校史，也直接通过校报找到我，去采访老校友和老教授。

3

2010 年，通过层层选拔，我成为第 26 届世界大学生运动会的大学生宣传大使。

紧接着，是过了《羊城晚报》实习大赛的初试，但却因为《羊城晚报》把原定的实习记者改成实习编辑岗位，没去广州参加面试。

2012 年初，结束考研，其间，《南方周末》前编委何忠洲老师多次问我还想不想继续做记者，他可以推荐我去《南方周末》。我告诉他，我再也不想做记者了，我要做历史学者。

一两个月后，何忠洲老师说《南方都市报》北京新闻中心报道 2012 年全国两会的实习记者紧缺，问我有没有兴趣。

我还是不想去。

他劝我说，不去一次南方报业，不要轻易说再也不做记者这样的话，就当是再给自己最后一次机会。

我被他说服了，问他我能不能改成去《南方周末》实习？

他跟我说，晚了，名额满了，我现在只能选《南方都市报》……

我就这样去了《南方都市报》北京新闻中心，参与 2012 年全国两会报道。

也许是对《南方周末》太过喜爱，刚开始实习的时候，站在集团专属电梯里面，除了按下我要去的 18 层，我还要克制自己不要按下"20"，那是《南方周末》、21 世纪报系等集团重量级报纸杂志所在的楼层。

后来去集团的北大招聘会打了次酱油，没有接到面试通知照样去 21 楼会客厅"霸王面"而被赶回 18 楼，我也只能怪自己高考不努力，而不能怪南方报业的名校情结。

再后来，在中国新闻社浙江分社面试时，我不断提到《南方都市报》核心价值观：“承认有不可以讲的真话，但不可以讲假话；承认有不可以报道的真新闻，但不可以报道假新闻；承认媒体的独立性需要时间，但公正性刻不容缓。”

对新闻，我是真的热爱。

4

校报老师说，我是山东理工第一个进入南方报业实习的，也是第一个进入副部级媒体——中新社的，经常调侃我是"风云记者""一代名记"。

虽然最后由于某些原因，我在中新社还是心灰意冷，选择了离开，但我想就自己努力的过程，跟同学们说：

当你为了理想而努力的时候，全世界都会为你让路。学校不好，不是你不努力的借口，坚持你的理想，你仍然有机会跟最优秀的那批人一起工作。

当我进入山东理工大学，加入大学生记者协会的时候，怎么都不会想到，有一天，我会离我喜欢的南方报业这么近，不会想到，我会拒绝《南方周末》实习的机会，更不会想到自己会进入新闻传播课本上唯二的通讯社——中新社，另一个是新华社。

虽然我最后没有走新闻记者这条路，但是在我为成为新闻记者努力的过程中，快速学习能力、社会活动能力、写作能力、抗压力等都得到了提升，这对我从事任何工作都有帮助。

我也始终相信法拉奇说的："作为一个女人，你得更激烈地战斗。也就是更多地观察，更多地思考和创造。"

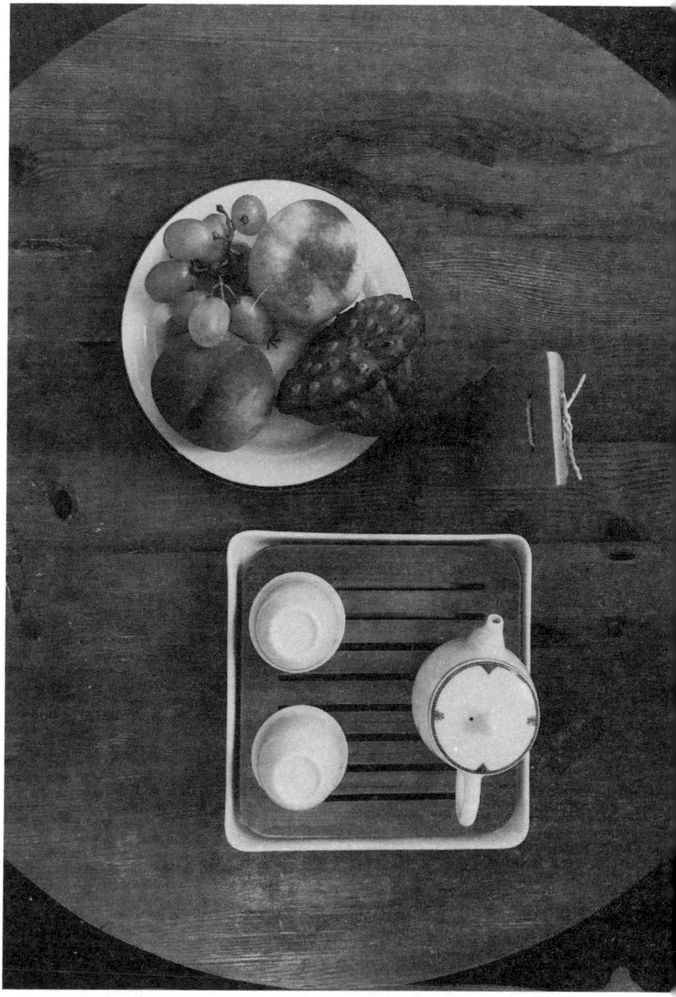

长大以后，
我是你的依靠

李雪

1

去年有个热搜，父母做十双鞋垫送儿开学。山东的一位考生，考研到哈尔滨一所高校，父亲专门给他炒了自家种的花生，说"这才是爹娘的味道"；母亲则连夜给他做了十双鞋垫。或许这一袋花生和十双鞋垫分量不算重，但父母之爱却深沉感人。

每年的开学季总能看到背着重重行李的家长身影，父母总愿为孩子扛起"最重"的行李，不远千里来送孩子上学，忙得不亦乐乎。

这是一条五味杂陈的风景线，他们为你做的每一件事都是爱的叠加。

某高校送给新生开学的一段温情致信：

致所有明天将要入校的新生们，如果你的妈妈想要帮你整理床铺与衣物，你就让她这么做吧；如果你的爸爸想要向你的舍友介绍自己，就让他这么做吧；如果他们想要用相机拍下你的一举一动，那就让他们这么做吧；如果他们的这些举止让你感到尴尬丢脸，让他们这么做吧。在你开始生活新篇章的时候，你的父母也开始了生活的新篇章，相信我，他们会比你更难接受这个事实，让他们最后一次把你当作小宝贝来关爱吧。

每一年的开学季，多少学子怀揣梦想惴惴不安焦急地想要奔赴远方，背后又有多少父母默默收好了行囊将牵挂思念深深埋藏。

我们的父母，他们开心地在校门口拍照、合影，好奇地参观学校的角角落落，热情地跟其他同学和父母打招呼，相信很多同学永远会记得这一天，记得父母帮自己扛行李的背影，即使在有疫情特殊的这一年，父母目送孩子走进学校，目光中尽是无言的爱与牵挂。

在你即将度过三年最美好时光的地方，带着你的父母多走一走，踩踩这片土地，望望这片天空，逛逛这座城市，看看你的校园，见见你的老师与室友。

对父母而言，这是一种分享，是一种放心，是一种踏实，更是一种陪伴。

2

在一堂职业素养课上，我给同学们讲到演讲这一章节，于是给大家找了一个综艺节目的演讲视频。

我给很多班级同学都放过，起初是想让大家了解演讲的技巧，后来发现这段文字包含太多的感动，每次在看这段视频的时候班里三分之二的同学都在掉眼泪，今天拿这段演讲来和大家分享。

我有一个超级妈妈，她有个外号叫作"气象局"，你根本不需要考虑第二天穿什么，她已经帮你都想好了。后来上了大学，宿舍同学又给她起了"江湖夺命连环扣"的外号，因为她一天最多能打九个电话。每个电话的内容就是：你在哪儿？你吃饭了吗？你回宿舍了吗？记得穿秋裤。

我有一个大我九岁的姐姐，从小就开始学唱歌学跳舞，12岁之前她好像已经把世界各地都走遍了，然后我的爸爸也是个特别好的丈夫。

那个时候是20世纪90年代吧，他就会主动地给我妈妈买一件两千多元钱的那个翻毛皮的大衣，特别时尚！到现在我的妈妈每天都还在说："你看你爸多爱我。"

他也会很爱我，应该，也许，大概，可能……原因是因为，在我三岁半的时候，我的爸爸因为是肺癌还是胃癌，我已经记不清了，他就离开了，我就只能偷偷地把他的照片拿到厨房里偷偷地看，这个男人怎么回事，来了又走了，他人呢，是我做错了什么吗，你知不知道，你给我带来的这个缺失，是任我后天看多少书做多少努力都填补不了的。

所以每当我的那些小伙伴们，他们问我"你看怎么办，我又跟我爸吵架了，他又是这样，每天都烦，磨磨叨叨"的时候，其实我心里特别想打断他们，我特别想问："哎，你能告诉我，跟爸爸吵架顶嘴是个什么样的感觉吗？"

或者说，你能告诉我："有一天你放学，你突然发现那个高大的身影在那接你的时候，那个感觉是什么样子的？"

再或者你能不能给我描述一下：那双大手拉着你，又是什么样的感觉？实在不行你告诉我，叫一声爸爸的感觉是什么？

尽管这个帅帅的男人离开了，但是，他其实依旧在，因为我妈妈每天的九个电话当中有一半是在替他打的，就像我能够接受妈妈这种肆无忌惮的爱一样。

我也要给她，她缺失的爸爸的爱。

朋友们，在这个世界上你要知道，也只有他们，是这个世界上唯一到现在还会对你说"过道看着点儿车"的人。

他是这个世界上唯一一个还会对你说记得吃饭喝水的人，也是这个世界上唯一觉得你穿秋裤漂亮的人。

岁月很长，然而我们能跟他们在一起生活的时间太短，《目送》中有一句话：所谓父子，母女一场，只不过意味着，你和他们的缘分就是今生今世不断地在目送他的背影渐行渐远。你站在小路的这一端，看着他逐渐消失在小路转弯的地方，他用背影默默地告诉你：不必追。

趁时光未老，在有限的生命里，伴随着无限的长情，也许，最深情的告白也不过就是那一句"你们老去，我，让你们依靠"。

爱，在生活的点滴里，荡漾成河。

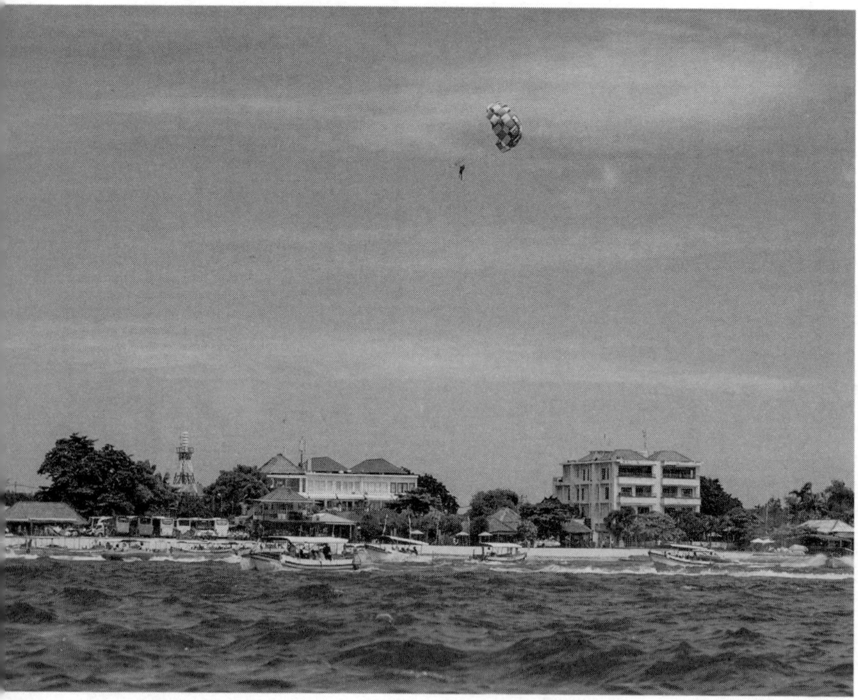

超越自卑，
树立自信

世渭

一直想给同学们写点东西，绞尽脑汁，上蹿下跳，几夜失眠，我迟迟没有找到作家的灵感。

所以干脆给大家分享一个秘密，一个自我认知提升的秘密。

1

工作五年后的今天，每当我想起那个下午，我都要从心底里说一声谢谢，感谢你锋利的语言戳破我天生的奴性与自卑。

如今我也是一名教育工作者，我帮助高中生进行高考志愿填报，帮助学生提升职业素养，帮助毕业生做职业规划，一路走来我发现很多与我当年相似的学生，在他们身上看见当年的自己，在自卑的漩涡里挣扎。

那年我24岁，就读于山东财经大学燕山学院市场营销专业（专升本班），因为专升本班级在大学只待两年，所以学校对我们这帮五年制本科生也不是很重视，一年换了三个班主任，幸好三年的专科训练了我们的适应能力。

我在大学是班长、团总支书记、自考学生创始人、利持达工作室联合发起人，在学校里面小有名气，与老师、同学关系处得相当到位，所以自信爆棚，感觉自己无所不能。

为了能够延续这种感觉，我果断地选择了专升本，放下所有的所谓"职位"和赚钱的生意，投身到图书馆中。

约上三五学友一起学习，累了来一局《地铁跑酷》，写烦了看看《李鸿章传》。

就这样，努力了半年，我如愿考上了山东财经大学燕山学院。

2

本以为在本科里可以像专科一样风风火火，经过几次事情之后发现不是这样的，本科对学习的要求还是比较高的，评奖是需要有成绩标准的。

这也让我意识到我不能再用专科的思维来处理事情了，于是我开始努力学习。

果然到了学期末的时候要评奖学金了，成绩是一部分，老师评价是一部分，同学打分是一部分。

从三个班级里面选择四名同学，当然我（班长）和我们班的团支书都选上了。

在评选二班团支书的时候老师询问大家有什么建议，我说他们班级同学对她有些意见，老师说："好，我了解一下。"

午后，睡得正香，突然一个电话打来，电话那头哭着对我说都是因为你，我没有选上。

此刻我已经慌张，自责内疚得快要流出泪来，飞快地向办公室跑去。我看到那位女同学站在老师那里泪流满面地哀求，我突然失声大哭起来，我说：老师我错了，我不要奖学金了，给她吧。

老师的表情变得严肃，用气愤的语气对我说："你错在哪里？"我说："我不应该那样说她。"

说到这里，我哭得更厉害了，老师让我赶紧离开，我迟迟不走，请求老师让她评选上。

老师说："你知道吗？你是一个心理不够健康的同学，你的不自信，你的懦弱，你的不安全感太明显了，要让自己变得自信和强大。"

3

工作多年之后，我才明白，那时候的我看起来很自信，但又是那么的自卑，没有安全感。

想尽一切办法去讨好周围的人，却独独忘了自己，忘了自己的家人，我们努力地去证明自己，去释放友好，害怕脱离群体，内心是多么的不安。

在我从事教育行业的过程中，我也遇到过很多这样的同学，他们有的羞于表达，有时候说一句话憋得脸红脖子粗，声音微软，生怕打扰了谁或惊动了谁，更多的时间是一个人默默地在角落。

有活泼的学生去挑逗他们，去戏弄他们，他们也不反抗，甚至默不作声，在别人眼里成了笑话，成为弱者证明自己的"靶子"，成为强者展示权利的工具。

如果有人试着了解他们，给他们鼓励，给他们一个宽松温暖的环境，一切就会迎刃而解。

同学们，如果你有些自卑，请大胆地承认，找到自卑的源头，看到它，看淡它，然后开始搭建你自信的基石；如果你是一个自信的人，那么请你宽容他人的自卑，把你的阳光分给你周围的人，帮助更多的同学成为一个自信的人。

小新：
一个非典型法律人的进阶

采访：陈炳蔚、杨小超、房美莹、张玉婷
撰稿：陈炳蔚、牟浩杰

如果要给小新贴上属于他的注解，不同的人一定会有不同的选择。媒体人、法律人、作者、电台 DJ、书店老板……每一个词语对应着他的一个选择、一段经历，或许这些故事串联起来并不会惊天动地，但也足够精彩。

这一切，要从高考的阴差阳错说起

2001 年，山东威海，高中时代的小新就已经展现出了他的文字天赋，在高考前的模拟考试中，他的文章被选作全市范文。他的语文老师对他说："我做了一个梦，梦里你是今年山东省的高考语文状元。"然而等到高考结束，电话的另一端传出"语文 90 分"的声音的时候，小新泪水瞬间流了下来，虽然最终取得了 638 分这个还不错的成绩，但他仍然觉得有所缺憾。在小新眼中，父亲是个典型的不苟言笑的严父形象，高考后，他便懵懵懂懂地遵从父亲的意愿选择了山东大学法学院。

进入山东大学后，小新依然保持着写作的习惯，也得到了法学院老师们的认可。在他看来，写作更像是一种天分，是水到渠成的本领。

在山东大学法学院的时光，也没有成为像别人一样单纯求学的四年，一切还是像小新进入山东大学的巧合一样，他参加了中央电视台挑战主持人大赛、尝试了广播电视行业，在跟随着老师们求学的步伐的同时，还不断丰富着自己的经历与人生。

小新曾在书里写道："第一次准备期末考试，在自习室里抄写、背笔记。我是一个法科学生，你可以想象那些烦冗的法条会如何跟一个人的脑细胞角力……十几分钟后，我会自然醒来，睁开眼睛，迅速切换到疯狂的看书模式，时常就会直接忽略了晚饭，一直学习到晚上。晚上十点半，自习室关门，我便转战到学校西门附近的路灯下……第一次期末考试，我考到了全院的第一名，这个成绩好得超出了我的想象。"

小新说："每次想起那个努力的场景都觉得特别欣慰，在学校里，只要努力就一定会有收获。"也正像他在书里写的，"来日方长，时间会见证不易，时间也检验着努力"。

2005年，小新本科毕业，被保送修读刑法学研究生，开启了他在山东大学的又一段时光。

他用声音和文字，给人慰藉

小新一直坚持着写作的习惯，后来他的听众同时也是好友张荣波博士去到出版社工作，在他的劝说下，小新出版了他人生的第一本书。

2015年《每一首歌都有TA要去的地方》《枕一首歌说晚安：每个适合熟睡的夜晚我都在想你》出版，2016年《没有你的晚安，我睡不着》出版，2018年《确认过眼神，遇见对的人》（笔名：许七年）出版，2019年《所有遗憾，都是对未来的成全》出版，2020年《人生不易，但很值得》出版。

"不高不帅，一介书生"是他对自己的评价。小新坦言，写书对他来说就像是对过往人生经历的总结，他把这些他遇到的故事用自己的方式记录下来，将自己的阅历和人生经验娓娓道来。在写作中，小新把他感性的一面更多地展示出来。

除了写书，他还与朋友共同开了书店"想书坊"，执着地坚持着他的阅读情怀。

谈起主持，这些年的经验仿佛也都还历历在目。

大学时期参加活动，小新觉得自己也可以尝试主持。2003年，小新大二，老师给小新打去了电话，建议他周末参加一个活动。

等到达现场，他才从身边的人口中得知这是中央电视台《挑战主持人》在山东挑选手。彼时小新作为一个年轻的学生，并不露怯，在台上说了一小段。

节目导演对他说："你的表现特别好，你可能是第一个到北京录像。"后来小新一路比拼，取得了令自己满意的成绩，也通过自己的精彩表现获得了湖南卫视、东南卫视等电视台的邀约。

　　当时他并未想过将来会成为主持人，直到大三时，正在外地实习的小新收到了即将成立的济南音乐电台总监的电话，然而他却拒绝了这样一个许多人求而不得的机会。最终电台总监只要求和他见一面，正是这一次见面，电台总监评价他"没有情绪也是一种情绪"，还在读书的学生拥有了一个属于自己的工位，成了一名主播。

　　"我是你的DJ小新，未央之歌，唱在夜里。"在济南，在FM99.1，每周一至周五22:00到24:00，小新又通过声音展示着他的细腻温情的一面。他的声音在电波里透露出一丝神秘，但却给予听众一种安心与温暖。

　　《城市夜未央》作为一个情感类的音乐节目，接受着城市里形形色色的人的深夜倾诉，许多人在这里和小新说出自己的秘密，许多人听着他随心选择的音乐在深夜悄悄睡去。

　　小新坦言，他做了16年的电台广播，最感谢的还是他的听众。听众向他讲述的形形色色的不同的故事，让他看到了不一样的人生，也成为他不断创作的素材。

　　小新坦言，兼顾学校的课业和广播电台的工作是有压力的，他也曾因为电台工作行走于深夜街头，在学校也得到了老师们的理解与支持。小新的声音在电波中传递着温暖与能量，用音乐舒缓着城市里人们心头的压抑。2007年，他获得"全国十大DJ"奖项，对于小新来说，这都是他一点一滴的积累。

做新闻，也有法律人的坚守

小新的主持人事业从电台开始，后来慢慢发展到电视领域。他还曾做过一段时间早间新闻节目，夜晚与清晨的工作叠加在一起，有时连续两天都没有时间睡觉。

电台里他感性细腻，电视里他理性客观，他却觉得，在细腻之中也有冷静分析，理性里也可以加上一点人性化、人文化的表述。

2013 年 1 月，山东电视台公共频道新改版的《民生直通车》栏目改版，小新担任主持人，对他而言，这也是一次大的跨越与改变。

小新说："在其他人喧哗时，我一定是沉默的，或者我提供的是一个理性的角度。"

他倾向于带着他的观众直达事实的终点，不绕弯子。他也从来不会用过激的表达，因为他知道，媒体也应该带有温度，用最真诚质朴的态度展现事实的真相，而主持人在这条路上就是指路的灯。

小新曾在采访中说："如果某些新闻节目主持人或者民生节目主持人，他们代表的是过去或者现在的老百姓的说法，我希望我代表的是未来。"

七年的法学学习经历，对小新的主持风格产生了重要影响。

小新认为，所有违法的人都有他的理由，所以他是宽容的，而法律知识也为他搭建了认知的基础，塑造了他的逻辑能力。

小新的书里有一篇名为《她什么都懂，她什么都知道》的文章，记载了他主持工作中印象很深的一次经历。一个患有白血病的孩子，已经配型成功，却因为缺少医药费迟迟得不到治疗。小新曾在报道中深情落泪,也在朋友圈发文筹款,然而最后,小女孩还是去世了。

小新的手机里还存着孩子的父亲给他的语音,每每听到,他还是忍不住落泪。他说:"她最后带给我们的,依然是她生的渴望,还有那种生命的喷薄。"

对于小新来说,做民生新闻这件事是有着责任与担当的。法科七年的训练,给予了他知识与能力,也让他能够更加深刻地理解民生百态,而不仅仅是以普通人的朴素情感去做二元的简单判断。他挖掘隐藏在表面之下的真实,因为真实,才更有力量。理性是他的底色,感性也是他的特点。他在主持中也会不忍落泪,也会深情脉脉地讲述民生故事,只是因为从心底被感动。

再回首,却也从不停下脚步

年轻使得小新从来没有想过进入广播电视行业,更没有想过自己会成为一位主持人。他曾经一直坚持着要"回归高校"的想法,在毕业后也在山东大学成为老师一段时间。他说,后来不再在学校任职,但却偶尔也会遇见我的学生,那种情谊是独一无二的。

在法学院的七年时光,见证了小新的成长与发展。

他仍然记得学院教书的老师、古朴的校园、琅琅的书声还有来来去去的莘莘学子,他甚至还记得大一时教授《中国法制史》的马建红老师曾给了他 98 分的成绩。

小新最感激的是周静老师,"当时的山东大学给了我一个非常自由的空间。我非常感谢我在硕士阶段的导师周静,她给了我妈妈一样的慈爱和温暖,引导我养成了乐观的心态,永远乐观地看待这个世界。

因为工作比较繁忙,我们好久没有联系过了,对此,我心中一直对她怀有愧疚。有时候怀念一所学校,更多的是在怀念学校里发生过的事和遇到的那些人"。

小新也会偶尔回山东大学转一转,面对"有着草莓一样鲜活面孔"的师弟师妹,与他们面对面交流。他认为在这里有一种被信任的感觉,被人信任本身就有意义。

学习法律,从事传媒行业,由专业塑造的理性成了小新的利剑,而他的感性本身变成了他坚强的盾,支持着他成长。他眷恋母校,感恩师长,是难以割舍的山东大学人的情怀。

作为非典型的法律人,小新坚守着自己的信念,通过电视与广播传播着他的价值观,也许这一切正如他自己在书里写到的,"那些苦楚和窘迫,才是需要一个主持人和写作者去传递的'声音'。因为这本身才是生活"。